美轮美奂的
钩编坐垫

日本主妇与生活社　编著

蒋幼幼　译

河南科学技术出版社

· 郑州 ·

用五颜六色的毛线编织的坐垫，用作室内装饰自然非常漂亮，只要拥有这样的一个坐垫，就足以让人感到心里暖暖的。

本书作品使用的Bonny和Jumbonny 100%腈纶毛线，具有优良的抗菌、防臭效果，以及洗后易干的特点。

因为可以水洗，打理起来也非常简单。

如果用着用着发现坐垫变得干瘪了，只需装在网袋里放入洗衣机清洗，就能恢复如初。

这两种毛线颜色、种类丰富，不妨让我们发挥创意，享受不同配色带来的乐趣吧！

目 录 ※作品照片中，左边是前片（正面），右边是后片（反面）

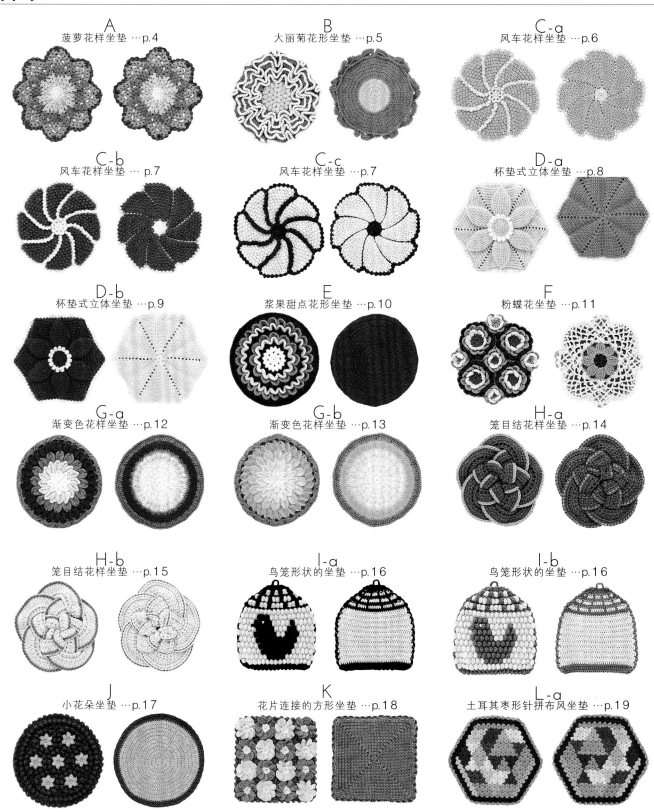

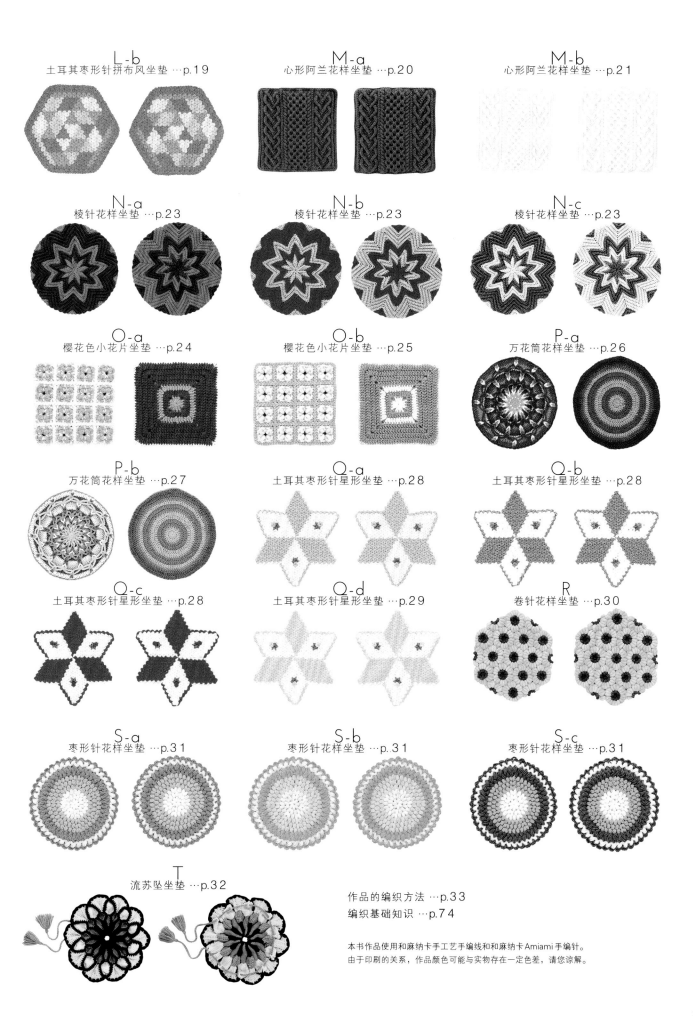

本书作品使用和麻纳卡手工艺手编线和和麻纳卡Amiami手编针。
由于印刷的关系,作品颜色可能与实物存在一定色差,请您谅解。

A

菠萝花样坐垫

非常受欢迎的菠萝花样组成了8片花瓣。
双层锁针钩织的细绳穿入重叠的前、后片，形成白色线条穿插其间。

设计 — Ami　　线 — 和麻纳卡 Bonny
制作方法 → p.34

B
大丽菊花形坐垫

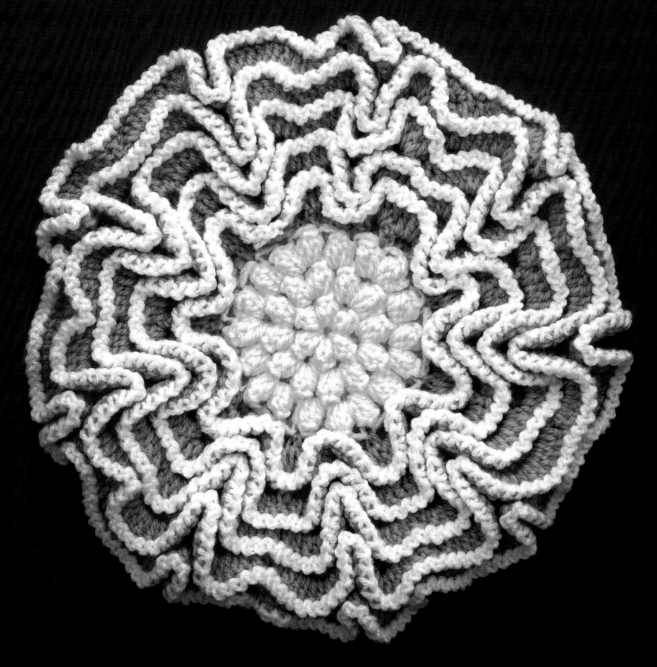

正面在锁针上钩织出立体的多层褶边效果，给房间增添了华丽的色彩。

设计 — 早川靖子　　线 — 和麻纳卡 Bonny

制作方法 → p.36

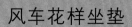

风车花样坐垫

C-a

边缘编织的流动线条就像风车一样。
选择对比鲜明的两种颜色，作品显得更为立体有型。

设计 — 桥本真由子　　线 — 和麻纳卡 Bonny
制作方法 → p.38

C-b

C-c

杯垫式立体坐垫

D-a

松软的花朵花样是用拉针编织而成的。
清爽的苹果绿色和雅致的酒红色各有特色。结合房间风格选择一款吧！

设计 — 今村曜子　线 — 和麻纳卡 Bonny

制作方法 → p.40

D-b

E

浆果甜点花形坐垫

巧克力和浆果的颜色给人甜美的印象。
圆鼓鼓的爆米花针和褶边设计可爱极了!

设计 — Riri　　线 — 和麻纳卡 Bonny
制作方法 →p.42

F

粉蝶花坐垫

连接 3 种花片制作完成的立体坐垫。
蓝色的渐变效果使作品看起来就像
一片绽放的粉蝶花。

设计 — 石川利香子   线 — 和麻纳卡 Bonny
制作方法 →p.44

G-a

渐变色花样坐垫

G-b

从中心向外扩展的渐变效果，使房间瞬间明亮起来。
花瓣是在后片的狗牙针上进行钩织的。

设计 — Ami　　线 — 和麻纳卡 Bonny
制作方法 → p.46

H-a

14

笼目结花样坐垫

H-b

创作的灵感来源于中国结中的笼目结，钩织饰带后编成结扣。
亮色的搭配使轮廓显得更加清晰、紧致。

设计 — 金子祥子　　线 — 和麻纳卡 Jumbonny
制作方法 → p.57

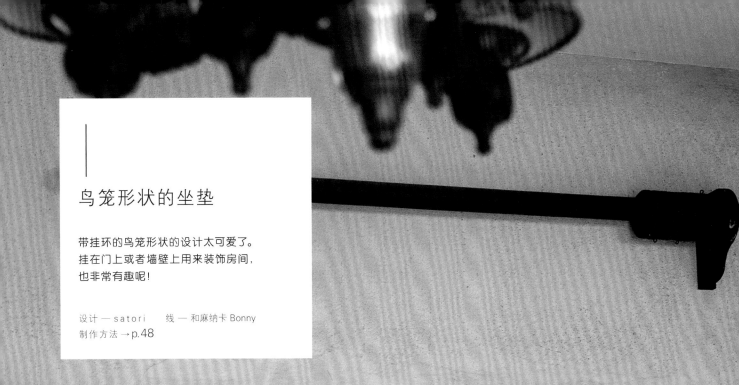

鸟笼形状的坐垫

带挂环的鸟笼形状的设计太可爱了。
挂在门上或者墙壁上用来装饰房间，
也非常有趣呢!

设计 — satori　　线 — 和麻纳卡 Bonny
制作方法 → p.48

l-a　　　　l-b

小花朵坐垫

连接7个爆米花针钩织的花朵，再在边缘钩织爆米花针。
这是一款既松软又舒适的设计。

设计 — 金子祥子　线 — 和麻纳卡 Bonny
制作方法 →p.50

花片连接的方形坐垫

可爱的粉色系花朵与灰色搭配，也显得非常雅致。
将前片和后片重叠在一起，在边缘钩织爆米花针。

设计 — 今村曜子　线 — 和麻纳卡 Bonny
制作方法 → p.52

L-a

土耳其枣形针
拼布风坐垫

就像拼布一样，
颜色的搭配令人兴趣盎然。
从中心的小三角形开始，
向外侧钩织菱形。

设计 — 石川利香子
线 — 和麻纳卡 Bonny
制作方法 → p.54

L-b

心形阿兰花样坐垫

棒针编织的阿兰花样，上面的心形是一大亮点。
经典的米白色和雅致的浅棕色坐垫，
与沙发也非常搭哟！

设计 — Mayu
线 — 和麻纳卡 Bonny
制作方法 → p.58

M-b

N

棱针花样坐垫

坐垫正、反面的颜色正好相反，
不同的配色演绎出不同的视觉效果。
钩完正面后紧接着钩织反面，
最后在编织起点和编织终点穿线后收紧。

设计 —Tomo Sugiyama
线 — 和麻纳卡 Bonny
制作方法 →p.60

N-a

N-b

N-c

樱花色小花片坐垫

○-a

仅有3行的花片，使用粗线很快就可以钩织完成。
素雅的山樱花和清丽的八重樱，赏花时带上这样的坐垫感觉也很棒哟！

设计 — 城户珠美　　线 — 和麻纳卡 Jumbonny

制作方法 → p.62

O-b

P

万花筒花样坐垫

P-a

转动坐垫，花样就会像万花筒一样瞬间变化，真是漂亮极了。
不同的配色，会给房间带来不同的装饰效果。

设计 — 城取由希　　线 — 和麻纳卡 Bonny
制作方法 → p.64

P-b

Q-a

Q-b

Q-c

土耳其枣形针星形坐垫

Q-d

土耳其枣形针是类似于枣形针的小花花样，源于土耳其浴巾上的花样。
鲜亮的颜色给人神清气爽的感觉，非常新颖。

设计 — 铃木留美子（Rumicchi） 线 — 和麻纳卡 Bonny
制作方法 → p.66

卷针花样坐垫

仿佛向日葵一样，鲜亮的黄色光彩夺目。
一圈一圈地在钩针上绕线钩织的卷针超适合钩坐垫，钩织的过程非常有趣哟！

设计 — 桥本真由子　　线 — 和麻纳卡 Jumbonny
制作方法 → p.68

S

枣形针花样坐垫

S-c

S-a

S-b

立体枣形针花样坐垫，钩织1片就够了。
只需重复钩织相同的花样，初学者也不妨试试哟！
外侧的交叉花样给作品增添了些许变化。

设计 — 家乡辉子
线 — 和麻纳卡 Bonny
制作方法 → p.71

流苏坠坐垫

就像教堂的彩绘玻璃一样，设计充满现代创意。
无须加减针钩织24针，最后收紧中心，
制作方法其实很简单。

设计 — 大岛和子
线 — 和麻纳卡 Bonny
制作方法 → p.72

作品的编织方法

接下来是作品的编织方法说明。

不懂或者忘记针法符号时，请参照p.74~79的编织基础知识。

那就让我们选择喜欢的颜色，赶紧动手编织吧！

菠萝花样坐垫 作品 / p.4

线 和麻纳卡 Bonny（50g/团）
海军蓝色（472）···100g
黄绿色（476）···90g
淡蓝色（439）···80g
米白色（442）···40g
翡翠绿色（426）···30g

针 和麻纳卡 Amiami 双头钩针 Raku Raku 7/0号
尺寸 直径44cm
花片大小 参照图示

编织方法 用1根线按指定颜色钩织。
1 用线头环形起针，参照图解钩织8个菠萝花片。
2 将8个菠萝花片如图所示进行重叠，看着菠萝花片的前片钩织边缘编织。
3 用线头环形起针，参照图解钩织2个中心花片。
4 分别将中心花片缝在前片和后片的中心位置。
5 钩织双层锁针细绳，在菠萝花片中穿入细绳，固定重叠的双层织片。

菠萝花片 8个

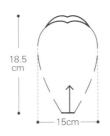

18.5 cm

15cm

菠萝花片的配色表

行	颜色
第8~11行	黄绿色
第5~7行	海军蓝色
第2~4行	淡蓝色
第1行	米白色

中心花片 2个
米白色

3cm

 ＝接线

＝断线

菠萝花片 8个

后片

前片

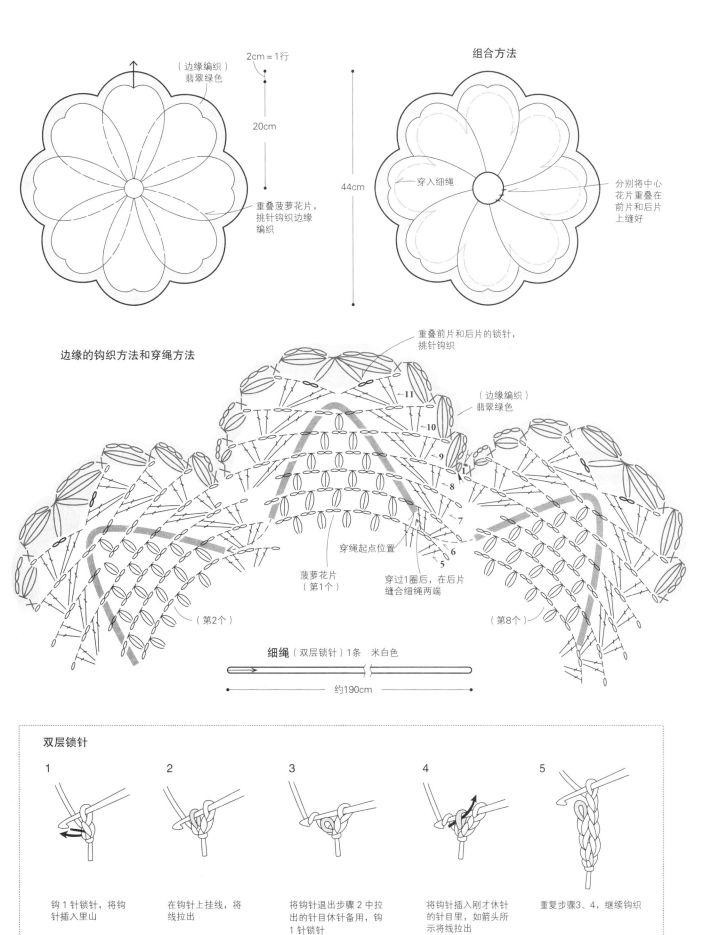

2cm = 1行

（边缘编织）
翡翠绿色

20cm

重叠菠萝花片，
挑针钩织边缘
编织

组合方法

穿入细绳

分别将中心
花片重叠在
前片和后片
上缝好

44cm

边缘的钩织方法和穿绳方法

重叠前片和后片的锁针，
挑针钩织

（边缘编织）
翡翠绿色

11

10

9

8

7

6

5

穿绳起点位置

菠萝花片
（第1个）

穿过1圈后，在后片
缝合细绳两端

（第2个）

（第8个）

细绳（双层锁针）1条　米白色

约190cm

双层锁针

1

钩1针锁针，将钩
针插入里山

2

在钩针上挂线，将
线拉出

3

将钩针退出步骤2中拉
出的针目休针备用，钩
1针锁针

4

将钩针插入刚才休针
的针目里，如箭头所
示将线拉出

5

重复步骤3、4，继续钩织

B 大丽菊花形坐垫 作品 / p.5

线 和麻纳卡 Bonny（50g/团）
　　樱桃粉色（474）…260g
　　黄色（432）…45g
　　米白色（442）…35g
针 和麻纳卡 Amiami双头钩针 Raku Raku 7.5/0号
尺寸 直径40cm（前片）
密度 长针　6行 = 10cm

编织方法　用1根线按指定颜色钩织。
1 前片用线头环形起针，按编织花样①钩3行。接着按编织花样②钩10行，注意钩偶数行时，如图所示在前一行的锁针、长针的尾针和前3行的锁针上挑针钩织。
2 在前片编织花样②的第2、4、6、8、10行钩织边缘编织。
3 后片用线头环形起针，参照图解一边加针一边钩长针。钩第10行时，将前片和后片正面朝外对齐，一边在▼、▽处的18个地方连接一边继续钩织。然后，再钩织1行短针。

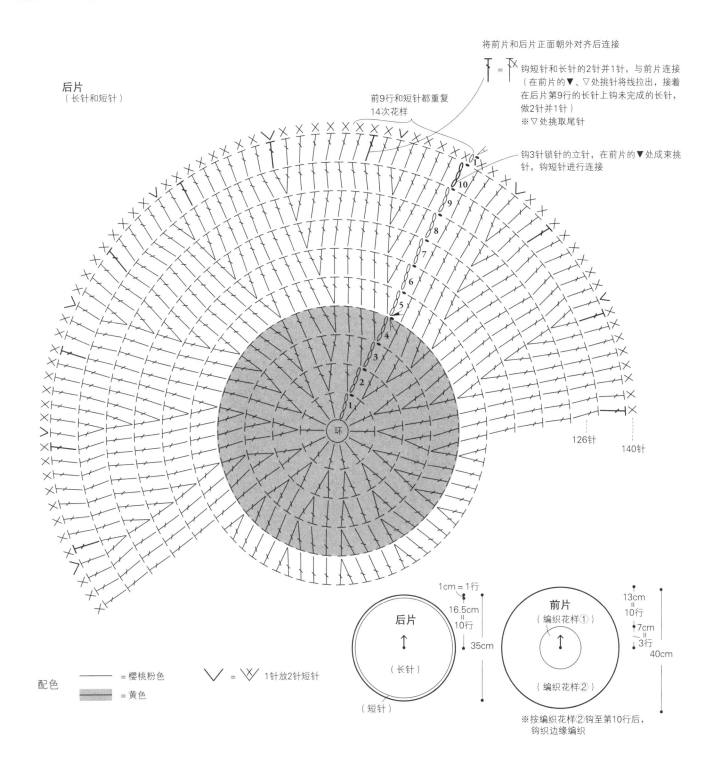

后片
（长针和短针）

将前片和后片正面朝外对齐后连接

⊤ᐩ⊥X = 钩短针和长针的2针并1针，与前片连接（在前片的▼、▽处挑针将线拉出，接着在后片第9行的长针上钩未完成的长针，做2针并1针）
※▽处挑取尾针

前9行和短针都重复14次花样

钩3针锁针的立针，在前片的▼处成束挑针，钩短针进行连接

环

10 9 8 7 6 5 4 3 2 1

126针　　140针

配色
──── = 樱桃粉色
▨▨▨ = 黄色
V = ᐱᐱ 1针放2针短针

后片
↑
（长针）
（短针）

1cm = 1行
16.5cm = 10行
35cm

前片
（编织花样①）
↑
（编织花样②）

13cm = 10行
7cm = 3行
40cm

※按编织花样②钩至第10行后，钩织边缘编织

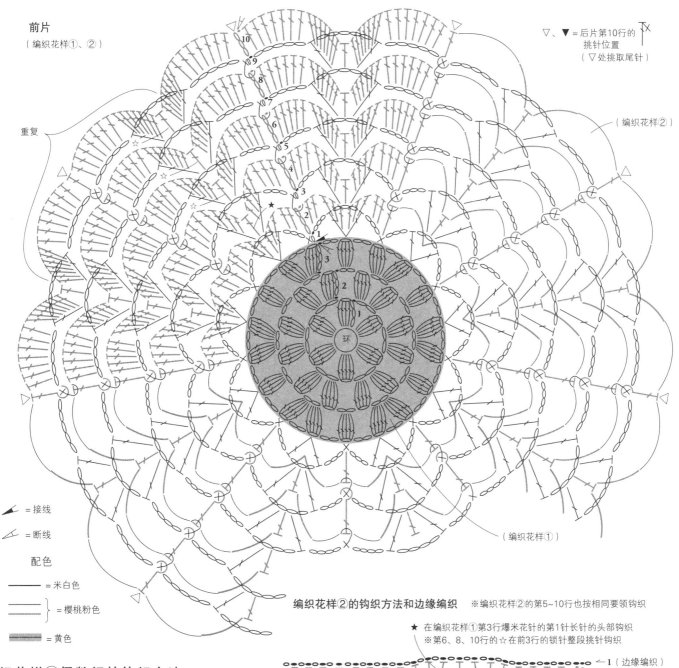

前片
（编织花样①、②）

重复

10
9
8
7
6
5
4
3
2
1

▽、▼ = 后片第10行的
挑针位置
（▽处挑取尾针）

（编织花样②）

（编织花样①）

= 接线

= 断线

配色

―――― = 米白色

} = 樱桃粉色

= 黄色

编织花样②的钩织方法和边缘编织　※编织花样②的第5~10行也按相同要领钩织

★ 在编织花样①第3行爆米花针的第1针长针的头部钩织
※第6、8、10行的☆在前3行的锁针整段挑针钩织

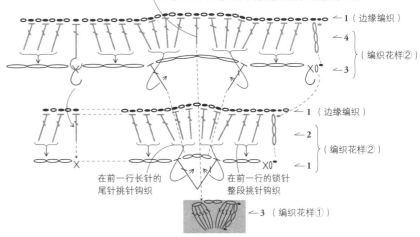

←1（边缘编织）
←4
←3 }（编织花样②）

←1（边缘编织）
←2
←1 }（编织花样②）

在前一行长针的
尾针挑针钩织

在前一行的锁针
整段挑针钩织

←3（编织花样①）

编织花样②偶数行的钩织方法

编织花样②的第2行在前一行的锁针和长针的尾针
挑针钩织。第4、6、8、10行的钩织要领相同，
注意★和☆的钩织方法。

37

C 风车花样坐垫 作品 / p.6、7

线 和麻纳卡 Bonny（50g/团）
　　 a 姜黄色（491）…200g
　　　 浅驼色（417）…60g
　　 b 深绿色（602）…200g
　　　 米白色（442）…60g
　　 c 浅驼色（417）…200g
　　　 深棕色（419）…60g
针 和麻纳卡 Amiami 双头钩针 Raku Raku 7.5/0号
尺寸 直径40cm
密度 编织花样①、② 8行≈10cm

编织方法 用1根线按指定颜色钩织。

1 前片用线头环形起针，按编织花样①钩至第4行，换色继续环形钩织至第15行。第16行每个花样分别接线钩织。

2 后片用线头环形起针，按编织花样②钩3行，换色并朝相反方向继续环形钩织第4~14行。第15行每个花样分别接线钩织。

3 对齐花样的方向重叠前片和后片，2个织片一起做边缘编织，注意从行上挑针时只需在前片中长针的尾针里挑针钩织。

后片
（编织花样②）

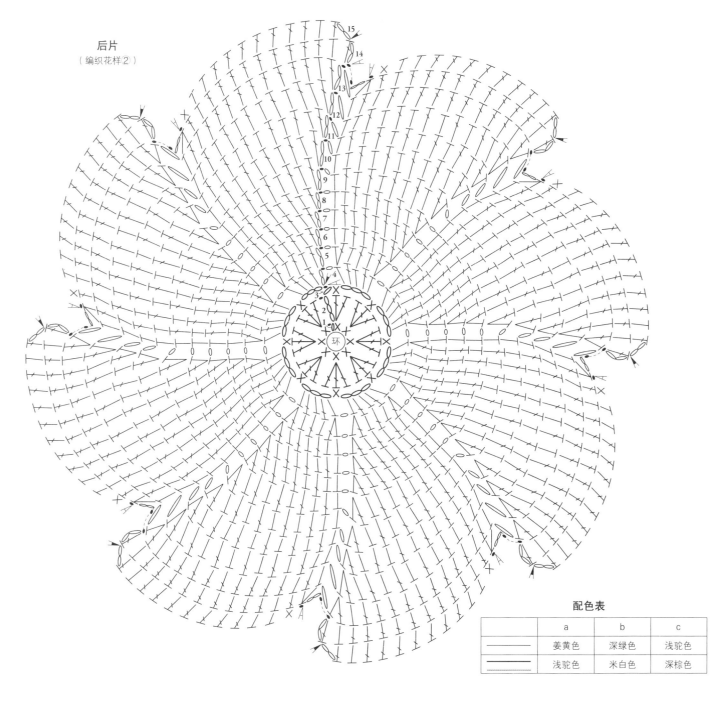

配色表

	a	b	c
———	姜黄色	深绿色	浅驼色
———	浅驼色	米白色	深棕色

38

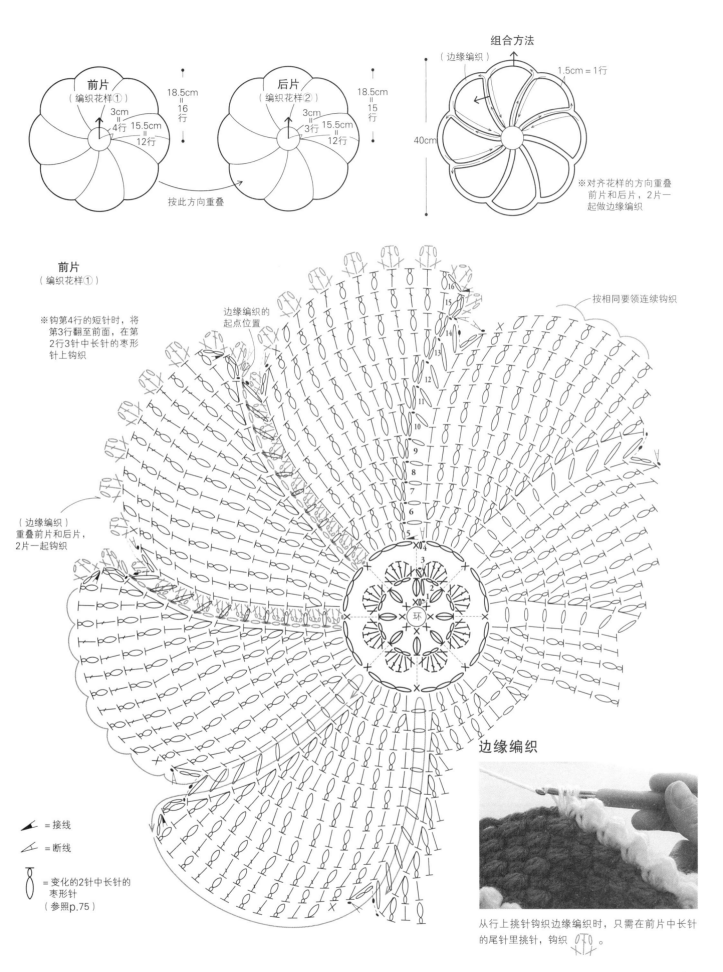

组合方法

（边缘编织）

1.5cm = 1行

40cm

※对齐花样的方向重叠
前片和后片，2片一
起做边缘编织

前片
（编织花样①）

18.5cm = 16行

3cm = 4行　15.5cm = 12行

后片
（编织花样②）

18.5cm = 15行

3cm = 3行　15.5cm = 12行

按此方向重叠

前片
（编织花样①）

※钩第4行的短针时，将
第3行翻至前面，在第
2行3针中长针的枣形
针上钩织

边缘编织的
起点位置

按相同要领连续钩织

（边缘编织）
重叠前片和后片，
2片一起钩织

边缘编织

从行上挑针钩织边缘编织时，只需在前片中长针
的尾针里挑针，钩织。

= 接线

= 断线

= 变化的2针中长针的
枣形针
（参照p.75）

39

杯垫式立体坐垫 作品 / p.8、9

线 和麻纳卡 Bonny（50g/团）
  a 苹果绿色（407）…185g
   碧绿色（498）…95g
   白色（401）…30g
  b 酒红色（464）…185g
   浅粉红色（405）…95g
   米白色（442）…30g

针 和麻纳卡 Amiami 双头钩针 Raku Raku 8/0号
尺寸 参照图示
密度 长针 2行 = 2.7cm

编织方法 用1根线按指定颜色钩织。
1 后片用线头环形起针，参照图解钩织长针和短针。
2 前片用线头环形起针，按编织花样钩14行。
3 将前片和后片正面朝外对齐，2个织片一起做边缘编织。
4 小饰片用线头环形起针，钩织短针和边缘编织。
5 将小饰片重叠在前片的中心位置，为了让边缘呈立体状，在小饰片的第5行进行缝合。

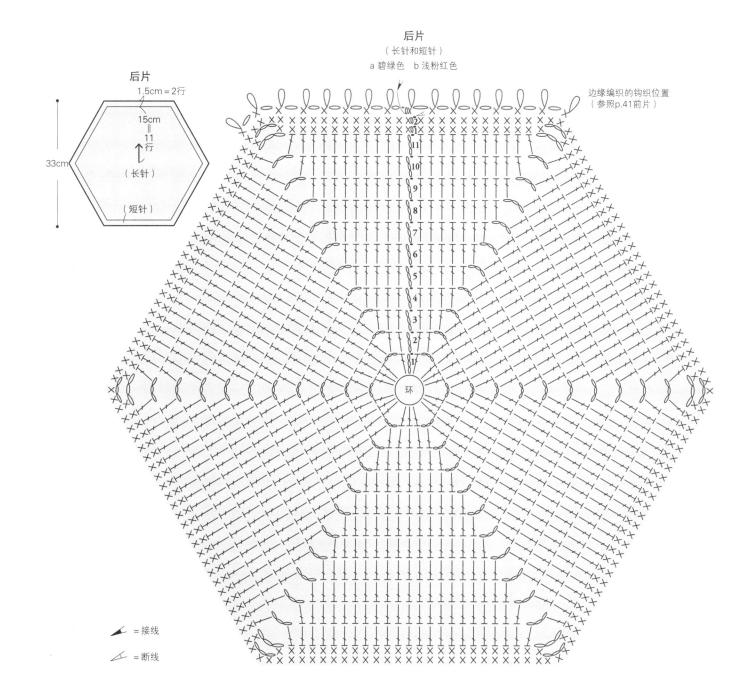

后片
1.5cm=2行
15cm = 11 行
33cm
↑ 11 行
（长针）
（短针）

后片
（长针和短针）
a 碧绿色 b 浅粉红色

边缘编织的钩织位置
（参照p.41前片）

环

↗ =接线

↗ =断线

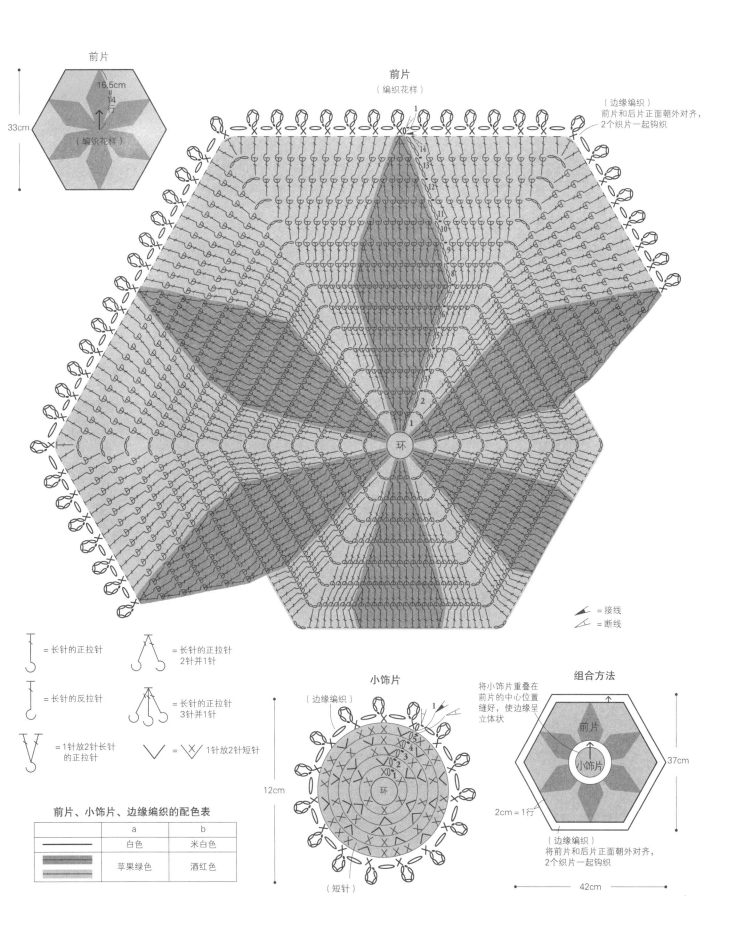

前片

16.5cm

14

（编织花样）

33cm

前片
（编织花样）

（边缘编织）
前片和后片正面朝外对齐，
2个织片一起钩织

环

= 接线

= 断线

= 长针的正拉针

= 长针的正拉针
2针并1针

= 长针的反拉针

= 长针的正拉针
3针并1针

= 1针放2针长针
的正拉针

= X = 1针放2针短针

前片、小饰片、边缘编织的配色表

	a	b
	白色	米白色
	苹果绿色	酒红色

小饰片

（边缘编织）

环

12cm

（短针）

组合方法

将小饰片重叠在
前片的中心位置
缝好，使边缘呈
立体状

前片

小饰片

37cm

2cm = 1行

（边缘编织）
将前片和后片正面朝外对齐，
2个织片一起钩织

42cm

浆果甜点花形坐垫　作品／p.10

线　和麻纳卡 Bonny（50g/团）
　　　深棕色（419）…160g
　　　樱桃粉色（474）、浅粉红色（405）、深红色（450）…各50g
　　　米白色（442）…15g
针　和麻纳卡 Amiami 双头钩针 Raku Raku 8/0号
尺寸　直径38cm
密度　长针　1行＝1.5cm

编织方法　用1根线按指定颜色钩织。
1　后片用线头环形起针，参照图解钩12行长针。
2　前片用线头环形起针，参照图解按编织花样①钩17行后，保留编织用线暂停钩织。
3　按编织花样②在前片的第5、6、11、12行钩织褶边。
4　将前片和后片正面朝外对齐，用前片的线接着在2个织片里一起钩织反短针进行接合。

18cm
＝
12
行

36cm

后片
（长针）
深棕色

后片
（长针）

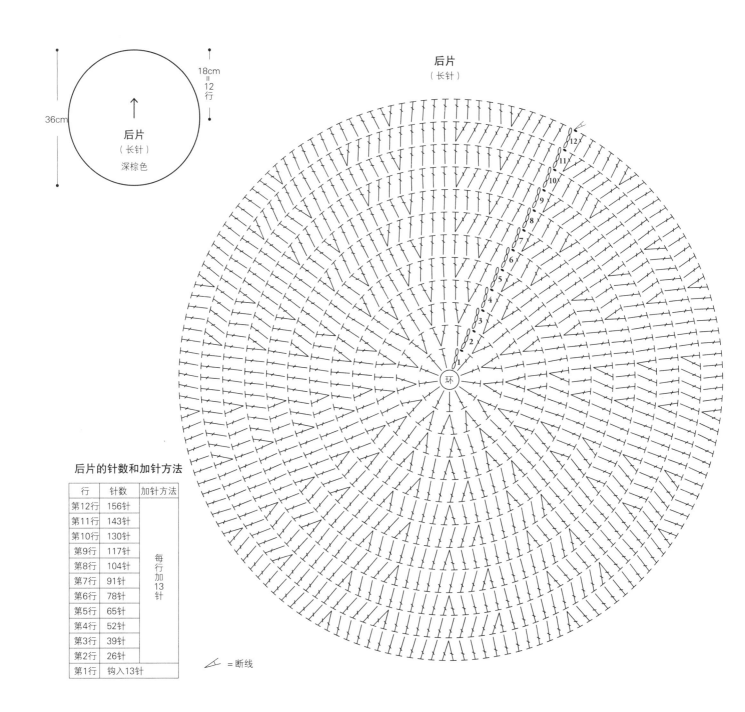

后片的针数和加针方法

行	针数	加针方法
第12行	156针	
第11行	143针	
第10行	130针	
第9行	117针	
第8行	104针	
第7行	91针	每行加13针
第6行	78针	
第5行	65针	
第4行	52针	
第3行	39针	
第2行	26针	
第1行	钩入13针	

＝断线

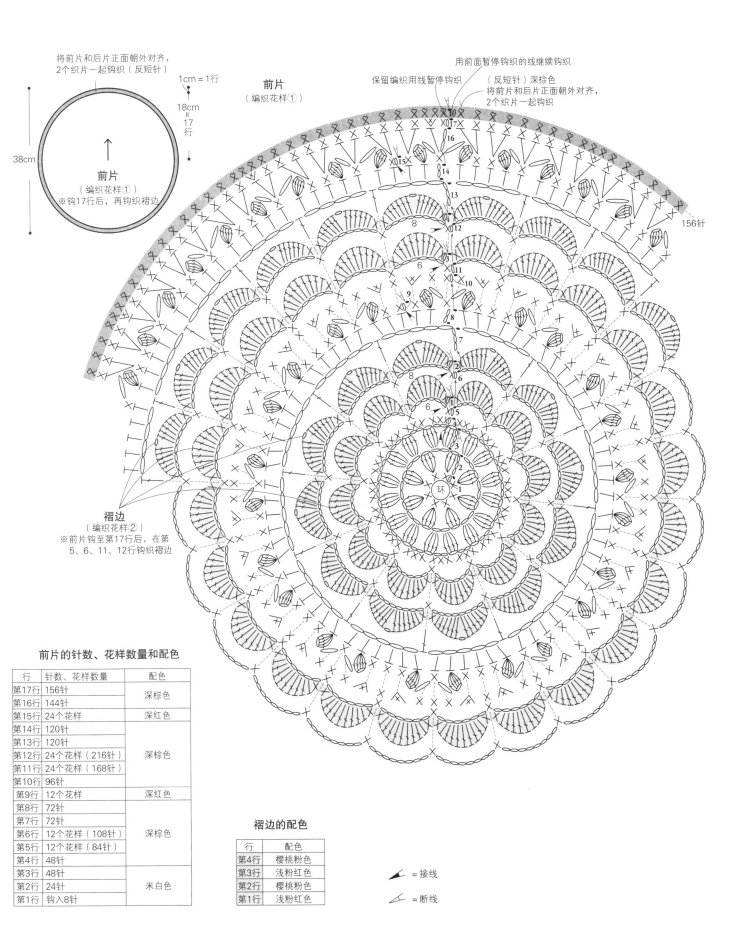

将前片和后片正面朝外对齐，
2个织片一起钩织（反短针）

1cm = 1行

18cm
＝
17
行

38cm

前片
（编织花样①）
※钩17行后，再钩织褶边

前片
（编织花样①）

用前面暂停钩织的线继续钩织

保留编织用线暂停钩织
（反短针）深棕色
将前片和后片正面朝外对齐，
2个织片一起钩织

156针

褶边
（编织花样②）
※前片钩至第17行后，在第
5、6、11、12行钩织褶边

环

前片的针数、花样数量和配色

行	针数、花样数量	配色
第17行	156针	深棕色
第16行	144针	
第15行	24个花样	深红色
第14行	120针	
第13行	120针	深棕色
第12行	24个花样（216针）	
第11行	24个花样（168针）	
第10行	96针	
第9行	12个花样	深红色
第8行	72针	
第7行	72针	深棕色
第6行	12个花样（108针）	
第5行	12个花样（84针）	
第4行	48针	
第3行	48针	
第2行	24针	米白色
第1行	钩入8针	

褶边的配色

行	配色
第4行	樱桃粉色
第3行	浅粉红色
第2行	樱桃粉色
第1行	浅粉红色

= 接线

= 断线

F 粉蝶花坐垫 作品 / p.11

线 和麻纳卡 Bonny（50g/团）
淡蓝色（439）…100g
海军蓝色（472）…90g
蓝色（462）、藏青色（473）…各50g

针 和麻纳卡 Amiami 双头钩针 Raku Raku 7.5/0号

尺寸 36cm×36cm

花片大小 Ⓐ 直径8cm
Ⓑ 直径6cm
Ⓒ 直径14cm

编织方法 用1根线按指定颜色钩织。

1 花片Ⓐ、Ⓑ 用线头环形起针，参照图解钩织基底，然后在基底的第2、4行针目的前面半针里钩入花瓣。分别钩织所需数量备用。

2 花片Ⓒ用线头环形起针，钩至第8行，钩织所需数量。然后分别在第3、5、7行针目的前面半针里钩入花瓣，接着一边钩第9行一边与花片Ⓐ、Ⓑ连接。

3 在连接好的花片周围钩1行边缘编织。

4 后片用线头环形起针，参照图解按编织花样钩9行，然后一边钩第10行一边与前片连接。

后片（编织花样）

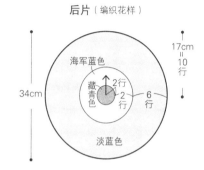

海军蓝色
藏青色
2行
2行
6行
淡蓝色

17cm = 10行
34cm

后片
（编织花样）
与花片Ⓒ连接

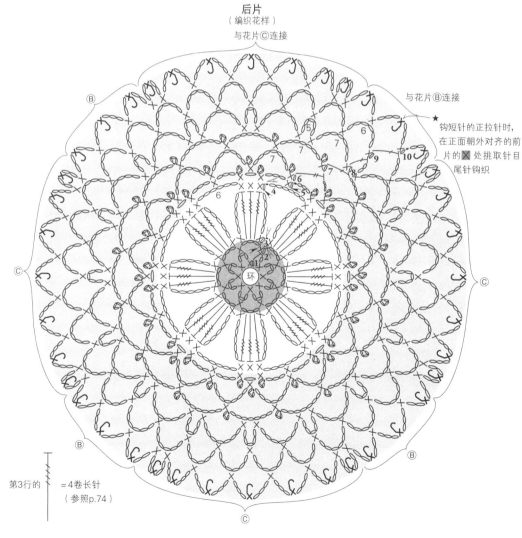

与花片Ⓑ连接

★钩短针的正拉针时，在正面朝外对齐的前片的 ☒ 处挑取针目尾针钩织

第3行的 ⌇⌇⌇ =4卷长针
（参照p.74）

前片花片的配色表和花瓣的花样数量

花片Ⓐ 1个

行	基底	花瓣（花样数量）
第6行	淡蓝色	
第5行	海军蓝色	
第4行		海军蓝色（8个花样）
第3行		
第2行	蓝色	淡蓝色（4个花样）
第1行		

花片Ⓑ 4个

行	基底	花瓣（花样数量）
第5行	淡蓝色	
第4行		海军蓝色（6个花样）
第3行	海军蓝色	
第2行		淡蓝色（4个花样）
第1行		

花片Ⓒ 4个

※钩至第8行后钩织花瓣，然后一边钩第9行一边与花片Ⓐ、Ⓑ连接

行	基底	花瓣（花样数量）
第9行	淡蓝色	
第8行	海军蓝色	
第7行		藏青色（14个花样）
第6行		
第5行		海军蓝色（10个花样）
第4行	蓝色	
第3行		淡蓝色（6个花样）
第2行		
第1行		

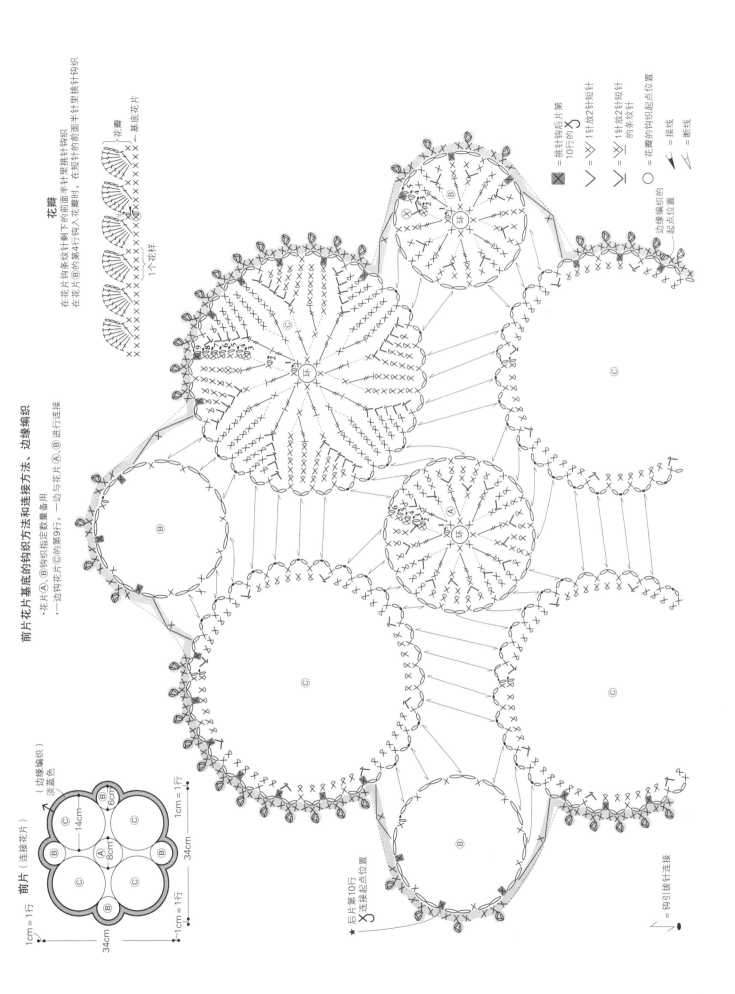

G 渐变色花样坐垫　作品 / p.12、13

线　和麻纳卡 Bonny（50g/团）
a 酒红色（464）…90g
　橄榄绿色（493）…60g
　浅粉红色（405）…50g
　白色（401）、樱桃粉色（474）…各40g
b 金黄色（433）…90g
　橄榄绿色（493）…60g
　乳黄色（478）…50g
　白色（401）、黄色（432）…各40g

针　和麻纳卡 Amiami 双头钩针 Raku Raku 7/0号
尺寸　直径38cm
密度　长针　1行 = 1.7cm

编织方法　用1根线按指定颜色钩织。
1 后片钩4针锁针，连接成环形。参照图解钩织长针和狗牙针，一边加针一边钩织，钩10行。接着钩1行短针。将狗牙针翻至反面备用。
2 前片钩4针锁针，连接成环形。然后在后片翻至反面的狗牙针上钩织。
3 在周围钩反短针。其中，在前片和后片2个织片里一起钩织的部分，要在前片长针头部的后面半针的1根线和后片短针的头部进行挑针钩织。

后片
（长针和狗牙针）
※将狗牙针翻至反面后继续钩下一行

在上面钩前片的针目

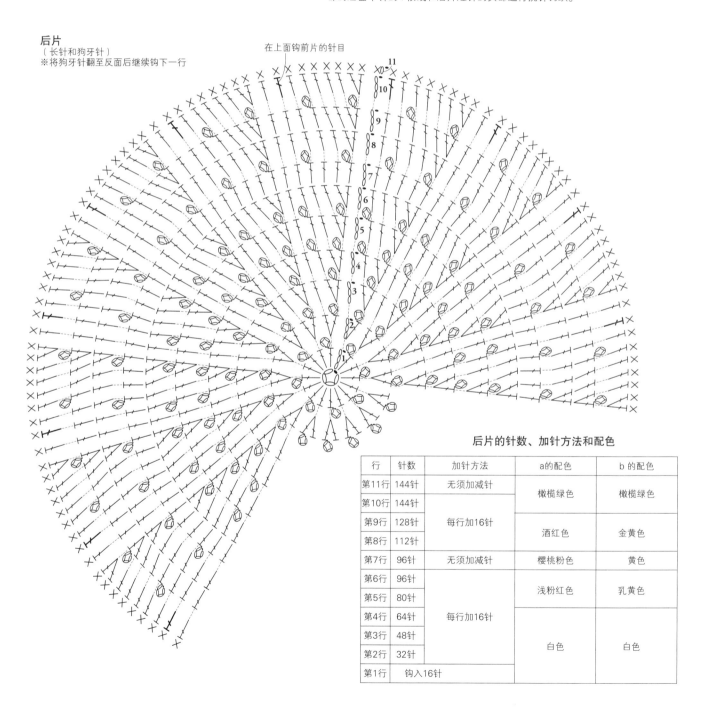

后片的针数、加针方法和配色

行	针数	加针方法	a的配色	b 的配色
第11行	144针	无须加减针	橄榄绿色	橄榄绿色
第10行	144针			
第9行	128针	每行加16针	酒红色	金黄色
第8行	112针			
第7行	96针	无须加减针	樱桃粉色	黄色
第6行	96针		浅粉红色	乳黄色
第5行	80针			
第4行	64针	每行加16针	白色	白色
第3行	48针			
第2行	32针			
第1行		钩入16针		

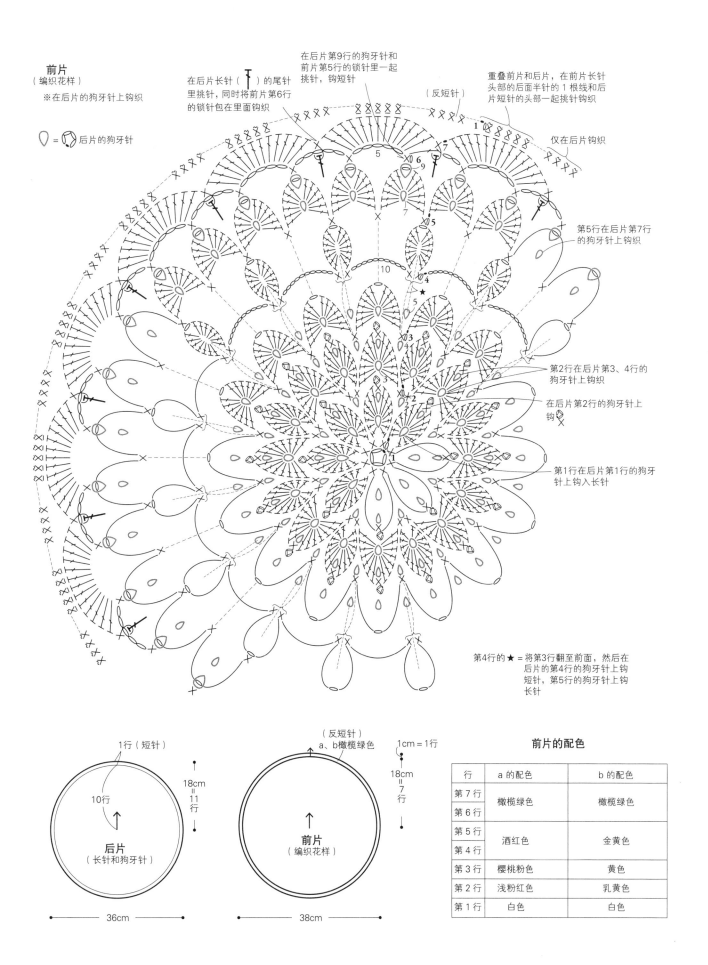

前片
（编织花样）

※在后片的狗牙针上钩织

⬭ = ⬠后片的狗牙针

在后片长针（ ⊤ ）的尾针里挑针，同时将前片第6行的锁针包在里面钩织

在后片第9行的狗牙针和前片第5行的锁针里一起挑针，钩短针

（反短针）

重叠前片和后片，在前片长针头部的后面半针的1根线和后片短针的头部一起挑针钩织

仅在后片钩织

第5行在后片第7行的狗牙针上钩织

第2行在后片第3、4行的狗牙针上钩织

在后片第2行的狗牙针上钩

第1行在后片第1行的狗牙针上钩入长针

第4行的★＝将第3行翻至前面，然后在后片的第4行的狗牙针上钩短针，第5行的狗牙针上钩长针

1行（短针）

10行

18cm＝11行

后片
（长针和狗牙针）

← 36cm →

（反短针）
a、b橄榄绿色

1cm＝1行

18cm＝7行

前片
（编织花样）

← 38cm →

前片的配色

行	a 的配色	b 的配色
第 7 行	橄榄绿色	橄榄绿色
第 6 行	橄榄绿色	橄榄绿色
第 5 行	酒红色	金黄色
第 4 行	酒红色	金黄色
第 3 行	樱桃粉色	黄色
第 2 行	浅粉红色	乳黄色
第 1 行	白色	白色

鸟笼形状的坐垫 作品 / p.16

线　和麻纳卡 Bonny（50g/团）
　　　a　浅驼色（417）…170g
　　　　　黑色（402）…90g
　　　b　浅驼色（417）…170g
　　　　　浅棕色（480）…90g

针　和麻纳卡 Amiami 双头钩针 Raku Raku 10/0号

尺寸　36cm×37.5cm

密度　编织花样①、② 10针≈10cm，6行 = 7cm

编织方法　除挂环外，都用1根线按指定颜色钩织。
1 前片钩33针锁针起针，参照图解按编织花样①和①′钩织。
2 后片钩33针锁针起针，参照图解按编织花样②和②′钩织。
3 如图所示钩织鸟嘴，制作眼睛。在前片的指定位置缝好鸟嘴，固定好眼睛。
4 将前片和后片正面朝外对齐，2个织片一起钩织边缘编织。
5 在指定位置接线，钩织挂环。

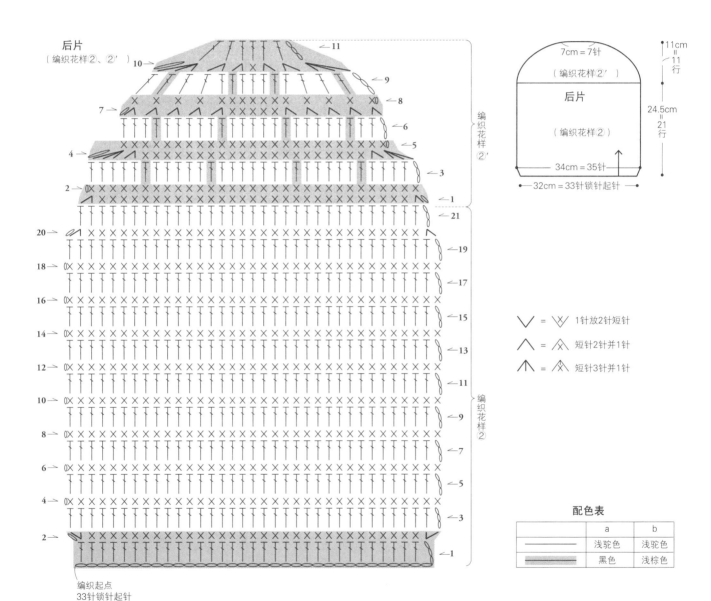

后片
（编织花样②、②′）

7cm = 7针
（编织花样②′）

后片

（编织花样②）

34cm = 35针
32cm = 33针锁针起针

11cm = 11行
24.5cm = 21行

编织花样②′

编织花样②

V = 1针放2针短针
∧ = 短针2针并1针
⋀ = 短针3针并1针

编织起点
33针锁针起针

配色表

	a	b
—	浅驼色	浅驼色
▬	黑色	浅棕色

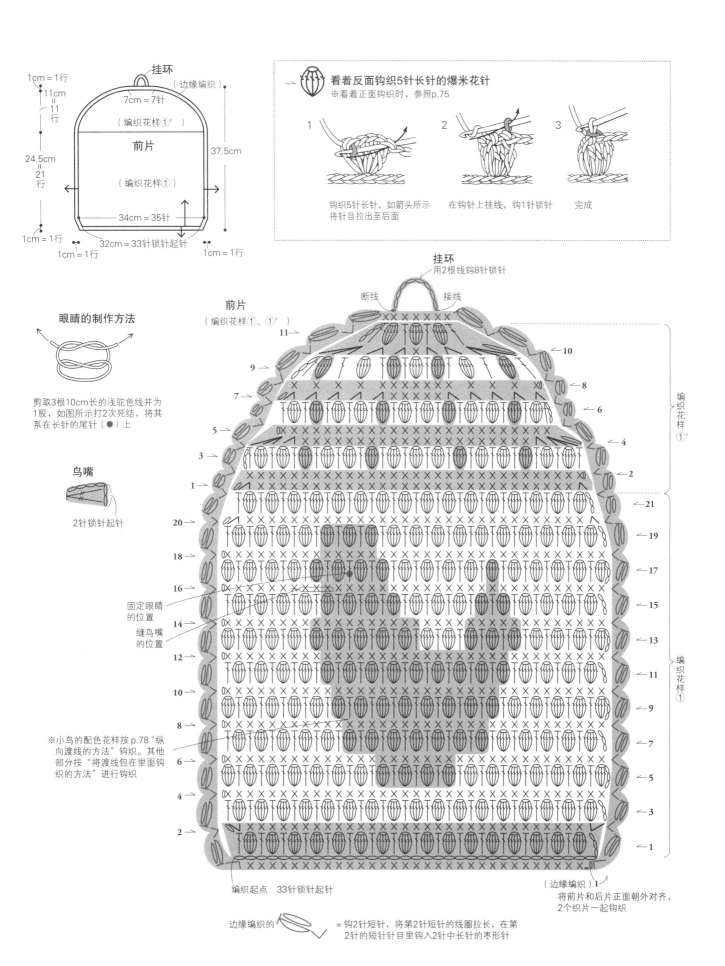

挂环

7cm = 7针

（边缘编织）

（编织花样①'）

前片

37.5cm

（编织花样①）

34cm = 35针

24.5cm = 21行

1cm = 1行
11cm = 11行

1cm = 1行

1cm = 1行

32cm = 33针锁针起针

1cm = 1行

看着反面钩织5针长针的爆米花针

※看着正面钩织时，参照p.75

1 钩织5针长针，如箭头所示将针目拉出至后面

2 在钩针上挂线，钩1针锁针

3 完成

眼睛的制作方法

剪取3根10cm长的浅驼色线并为1股，如图所示打2次死结，将其系在长针的尾针（●）上

鸟嘴

2针锁针起针

挂环
用2根线钩8针锁针

断线　接线

前片
（编织花样①、①'）

编织花样①'

固定眼睛的位置

缝鸟嘴的位置

※小鸟的配色花样按p.78"纵向渡线的方法"钩织。其他部分按"将渡线包在里面钩织的方法"进行钩织

编织花样①

编织起点　33针锁针起针

（边缘编织）

将前片和后片正面朝外对齐，2个织片一起钩织

边缘编织的 = 钩2针短针，将第2针短针的线圈拉长，在第2针的短针针目里钩入2针中长针的枣形针

49

小花朵坐垫 作品 / p.17

线 和麻纳卡 Bonny（50g/团）
　　　苔绿色（494）…140g
　　　姜黄色（491）…90g
针 和麻纳卡 Amiami双头钩针 Raku Raku 7.5/0号
尺寸 直径38cm
密度 长针　6.5行 = 10cm
花片大小 直径9cm

编织方法 用1根线按指定颜色钩织。
1 后片用线头环形起针，参照图解钩12行长针。
2 前片花片用线头环形起针，参照图解钩织。
3 从第2个花片开始在第4行钩引拔针连接。
4 在连接花片的周围钩5行边缘编织。
5 将前片和后片正面朝外对齐，2个织片一起钩短针。

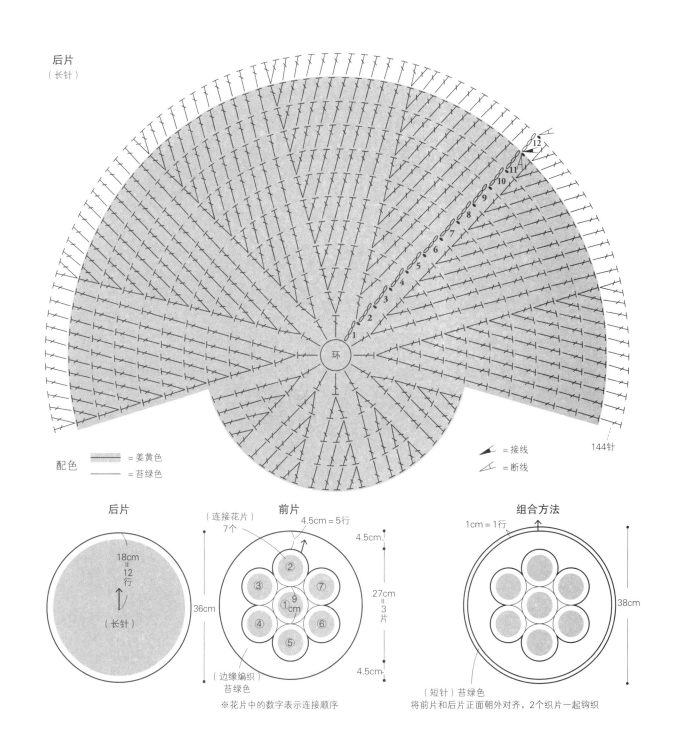

后片
（长针）

12
11
10
9
8
7
6
5
4
3
2
1

环

144针

配色 ▨ = 姜黄色
　　 — = 苔绿色

◣ = 接线
↘ = 断线

后片

18cm
= 12 行
（长针）

前片

（连接花片）
7个

4.5cm = 5行

②
③　⑦
①9
　1cm
④　　⑥
⑤

4.5cm

27cm
= 3片

4.5cm

36cm

（边缘编织）
苔绿色

※花片中的数字表示连接顺序

组合方法

1cm = 1行

38cm

（短针）苔绿色
将前片和后片正面朝外对齐，2个织片一起钩织

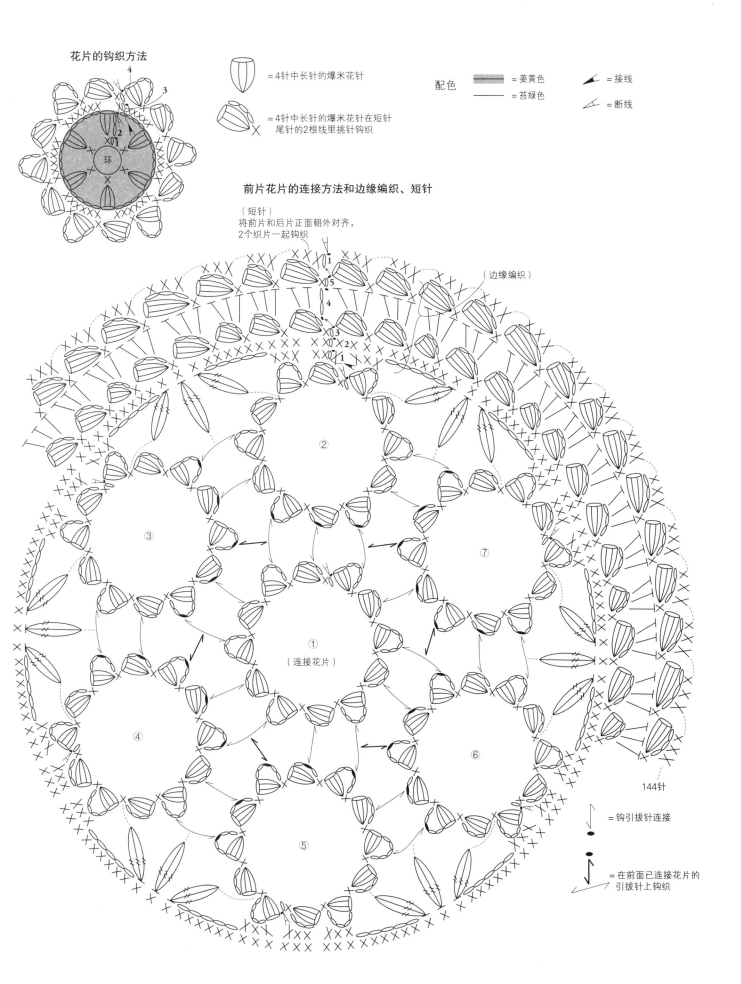

花片的钩织方法

= 4针中长针的爆米花针

= 4针中长针的爆米花针在短针
尾针的2根线里挑针钩织

配色　　　= 姜黄色　　　= 接线

　　　　　= 苔绿色　　　= 断线

前片花片的连接方法和边缘编织、短针

（短针）
将前片和后片正面朝外对齐，
2个织片一起钩织

（边缘编织）

② ③ ① ⑦ ④ ⑤ ⑥

（连接花片）

144针

= 钩引拔针连接

= 在前面已连接花片的
　引拔针上钩织

K 花片连接的方形坐垫　作品 / p.18

线　和麻纳卡 Bonny（50g/团）

灰色（481）…210g

浅粉红色（405）、樱桃粉色（474）…各90g

乳黄色（478）…50g

针　和麻纳卡 Amiami双头钩针 Raku Raku 7/0号

尺寸　40cm×40cm

密度　长针　5行 = 7cm

花片大小　Ⓐ、Ⓑ均为9cm×9cm

编织方法　用1根线按指定颜色钩织。

1 后片用线头环形起针，参照图解一边加针一边钩长针。

2 前片花片Ⓐ、Ⓑ用线头环形起针，参照图解钩织，其中第3、4行分别往返钩织花瓣。

从第2个花片开始在最后一行一边连接一边继续钩织。

3 将前片和后片正面朝外对齐，2个织片一起钩织边缘编织。

后片
（长针）

边缘编织第1行的短针的挑针位置

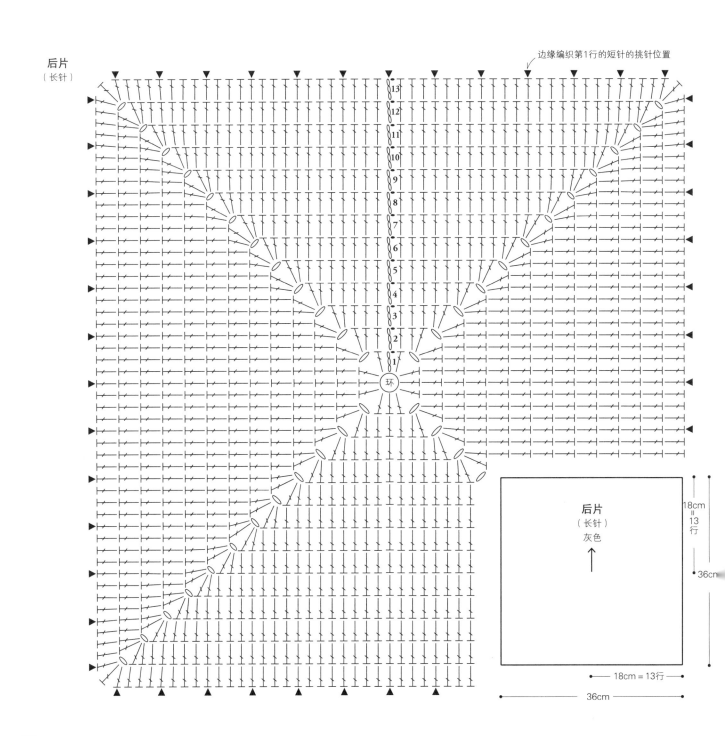

后片
（长针）
灰色

18cm = 13行

36cm

18cm = 13 行

36cm

52

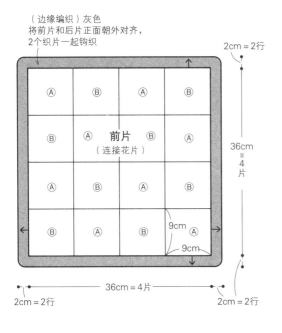

（边缘编织）灰色
将前片和后片正面朝外对齐，
2个织片一起钩织

2cm = 2行

前片
（连接花片）

36cm
=
4
片

9cm

9cm

36cm = 4片

2cm = 2行

2cm = 2行

花片的钩织方法

第2行的 ＝ ╳ ╳

◢ ＝接线

╱ ＝断线

花片的配色和所需数量

行	Ⓐ 8个	Ⓑ 8个
第5、6行	灰色	
第3、4行	浅粉红色	樱桃粉色
第1、2行	乳黄色	

前片花片的连接方法和边缘编织

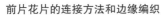

（边缘编织）

与后片正面朝外对齐，从
后片的▼处挑针，2个织
片一起钩织

钩引拔针连接

在第2个花片的引拔针
中连接第3、4个花片

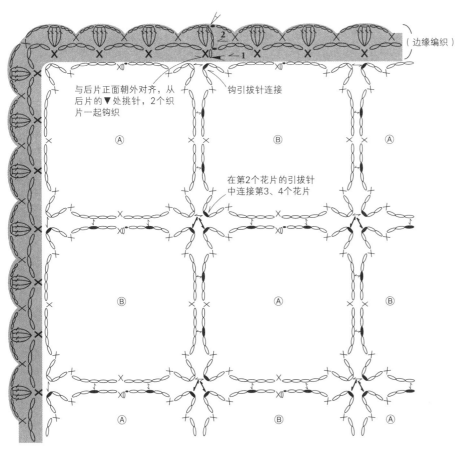

花片第3、4行的钩织方法

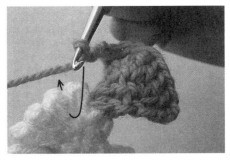

在第2行的锁针线环里挑针，钩第3行的长针。改
变钩织方向，钩第4行。接着钩3针锁针，将第3、
4行翻至前面，在第2行的短针里引拔。

土耳其枣形针拼布风坐垫　作品 / p.19

线　和麻纳卡 Bonny（50g/团）
　　a　深棕色（419）…35g
　　　　驼色（418）、碧绿色（498）、浅紫色（496）…各25g
　　　　浅驼色（417）、橘黄色（434）、紫色（437）、金黄色（433）、
　　　　酒红色（464）…各15g
　　　　浅橘色（406）、紫红色（499）…各10g
　　b　橘黄色（434）…80g
　　　　金黄色（433）…40g
　　　　黄色（432）、乳黄色（478）…各35g

针　和麻纳卡 Amiami 双头钩针 Raku Raku 7.5/0号
尺寸　41.5cm×36cm
密度　土耳其枣形针　正三角形的边长为6.5cm

编织方法　用1根线按指定颜色钩织。
1　用线头环形起针，钩1个花样的土耳其枣形针。从第2个花样开始，参照
　　p.56 "土耳其枣形针的钩织方法" 按数字顺序钩织土耳其枣形针。
2　在周围钩1行边缘编织。

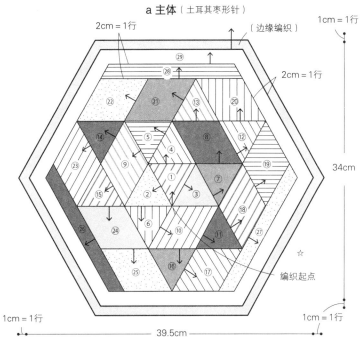

a **主体**（土耳其枣形针）

2cm = 1行　　（边缘编织）

1cm = 1行

34cm

39.5cm

1cm = 1行　　1cm = 1行

2cm = 1行

编织起点

☆

※按①~㉙的顺序钩织土耳其枣形针，然后在周围钩织边缘编织
☆处对应p.19图的上侧

a的配色

配色	钩织顺序
深棕色	㉙
橘黄色	⑩㉓
浅橘色	⑨⑬
碧绿色	⑧⑪⑭㉖
紫色	⑦⑯㉑
紫红色	⑥⑳
金黄色	⑤⑲㉘
浅驼色	④⑫⑰
驼色	③㉔边缘编织
浅紫色	②㉒㉕㉗
酒红色	①⑮⑱

主体的钩织方法

1　用线头制作线环，钩1针锁针，将线拉长一点，在线环中钩3针未完成的中长针。按 "土耳其枣形针的钩织方法"（参照p.56）步骤3~7的要领钩1针土耳其枣形针。

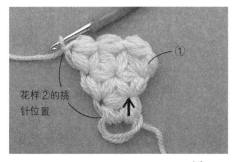

2　参照 "土耳其枣形针的钩织方法"（ ）进行往返钩织。花样①完成后的状态。

花样②的挑针位置

3　从花样①挑针，往返钩织花样②。花样②完成后的状态。按相同的要领钩织花样③~㉙。

①
②
花样③的挑针位置

b 主体（土耳其枣形针）

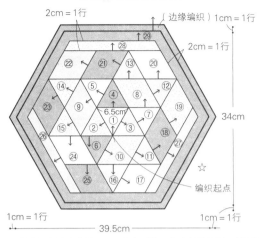

2cm = 1行
（边缘编织）1cm = 1行
2cm = 1行
34cm
6.5cm
编织起点
1cm = 1行
1cm = 1行
39.5cm

※按①～㉙的顺序钩织土耳其枣形针，然后在周围钩织边缘编织
☆处对应p.19图的上侧

b的配色

配色	钩织顺序
（橘黄色）	橘黄色	④⑥⑱㉑㉓㉕㉙边缘编织
（金黄色）	金黄色	③⑨⑪⑫⑬⑯㉒㉖㉗
（黄色）	黄色	②⑧⑩⑭⑮⑲㉘
（乳黄色）	乳黄色	①⑤⑦⑰⑳㉔

土耳其枣形针的钩织方向
花样⑧～⑩、⑰～㉙如箭头所示进行钩织

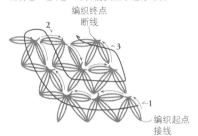

编织终点
断线
编织起点
接线

a、b钩织方法符号图

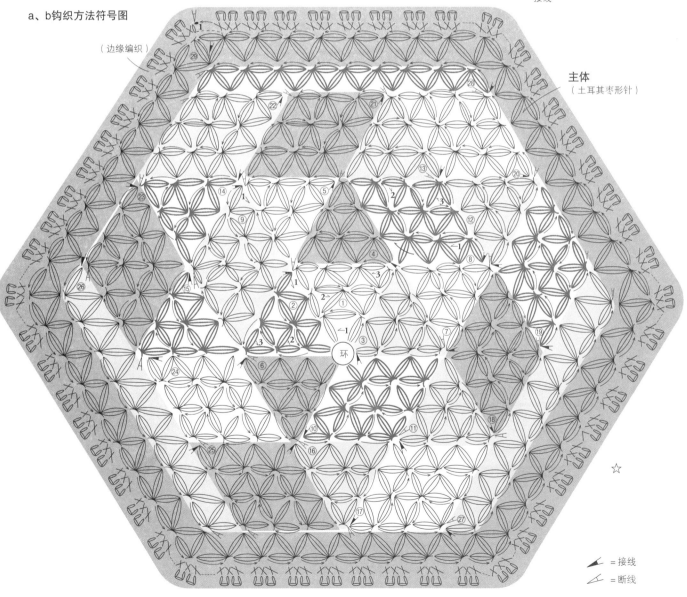

（边缘编织）
主体
（土耳其枣形针）

◢ = 接线
◥ = 断线

〈土耳其枣形针的钩织方法〉 ※p.67 的 在步骤 2、9 中钩入 2 针未完成的中长针，按相同要领进行钩织

1

钩 1 针锁针，将线拉得长一点

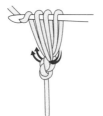

2

钩 3 针未完成的中长针（图中为第 1 针）

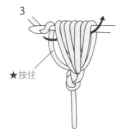

3

一边按住★的线，一边在钩针上挂线一次引拔出

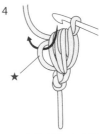

4

如箭头所示在★里插入钩针

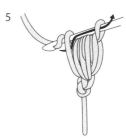

5

在钩针上挂线引拔

6

钩 1 针锁针，收紧针目

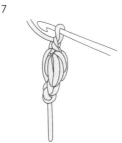

7

引拔后的状态

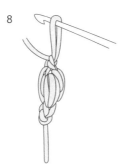

8

将线拉得长一点

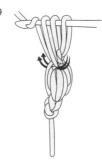

9

钩 3 针未完成的中长针

10

一边按住★的线，一边在钩针上挂线一次引拔出

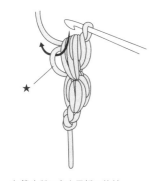

11

如箭头所示在★里插入钩针

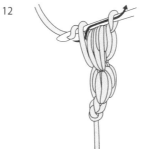

12

在钩针上挂线引拔

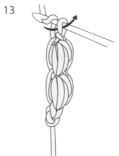

13

钩 1 针锁针，收紧针目

14

重复步骤 8~13

※p.67 的 在步骤 2 中分别钩入 2 针未完成的中长针，按相同要领钩织

1

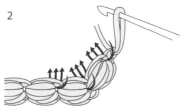

2

将线拉得长一点，分别钩 3 针未完成的中长针，一共钩 9 针

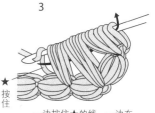

3

一边按住★的线，一边在钩针上挂线一次引拔出

4

如箭头所示在★里插入钩针，在钩针上挂线引拔

5

钩 1 针锁针，收紧针目

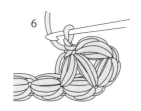

6

笼目结花样坐垫 作品 / p.14、15

线 和麻纳卡 Jumbonny（50g/团）
　　a 蓝色（16）…195g
　　　碧绿色（32）…30g
　　b 淡蓝色（14）…195g
　　　海军蓝色（34）…30g

针 和麻纳卡 Jumbonny 专用钩针（竹制钩针）8mm
尺寸 直径36cm
密度 长针 1行＝2cm

编织方法 用1根线按指定颜色钩织。
1 饰带钩140针锁针起针，参照图解钩4行。
2 将饰带编成笼目结。
3 将两端用卷针缝缝成环形，调整形状。

饰带

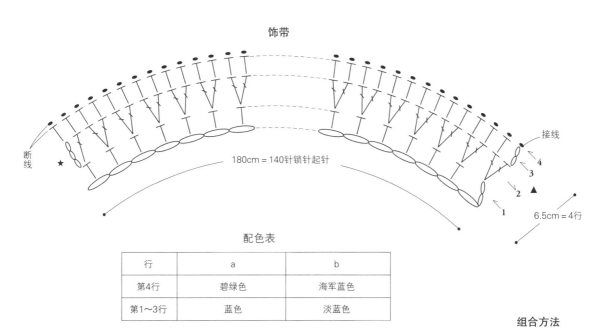

断线　★

180cm ＝ 140针锁针起针

接线
4
3
2 ▲
1
6.5cm ＝ 4行

配色表

行	a	b
第4行	碧绿色	海军蓝色
第1～3行	蓝色	淡蓝色

组合方法

笼目结的编法

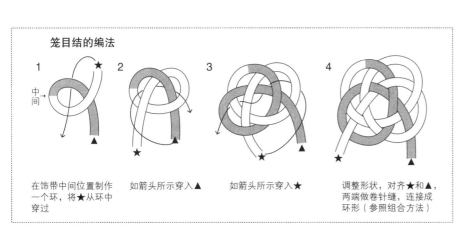

中间

1 在饰带中间位置制作一个环，将★从环中穿过

2 如箭头所示穿入▲

3 如箭头所示穿入★

4 调整形状，对齐★和▲，两端做卷针缝，连接成环形（参照组合方法）

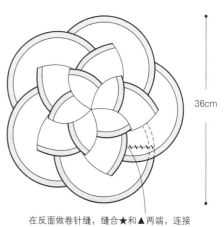

36cm

在反面做卷针缝，缝合★和▲两端，连接成环形。一边调整整体的形状，一边将缝合针迹藏至内侧

心形阿兰花样坐垫 作品 / p.20、21

线 和麻纳卡 Bonny（50g/团）
　　 a 浅棕色（480）…350g
　　 b 米白色（442）…350g

针 和麻纳卡 Amiami单头棒针（2根1组）8号
　　 麻花针
　　 和麻纳卡 Amiami双头钩针 Raku Raku 8/0号

尺寸 40cm×40cm

密度 编织花样　10cm×10cm的面积内25行，25针

编织方法 除边缘编织外，都用1根线进行编织。

1 前片和后片分别用一般的起针方法起针，按编织花样织92行，然后一边按前一行的花样继续编织一边做伏针收针。

2 将前片和后片正面朝外对齐，第1行用1根线，第2、3行用2根线在2个织片里一起钩织边缘编织。

前片、后片
（编织花样）

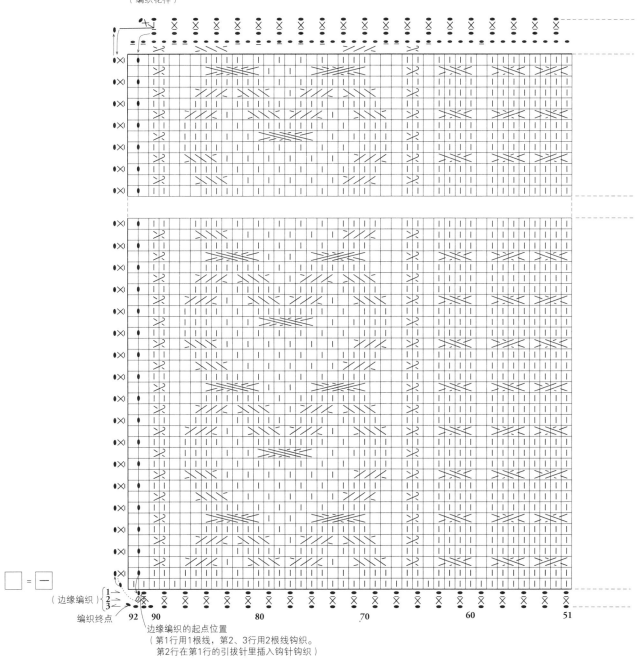

□ = 一

（边缘编织）{ 1 2 3

编织终点　92　90　　　　　80　　　　　70　　　　　60　　　　　51

边缘编织的起点位置
（第1行用1根线，第2、3行用2根线钩织。
第2行在第1行的引拔针里插入钩针钩织）

58

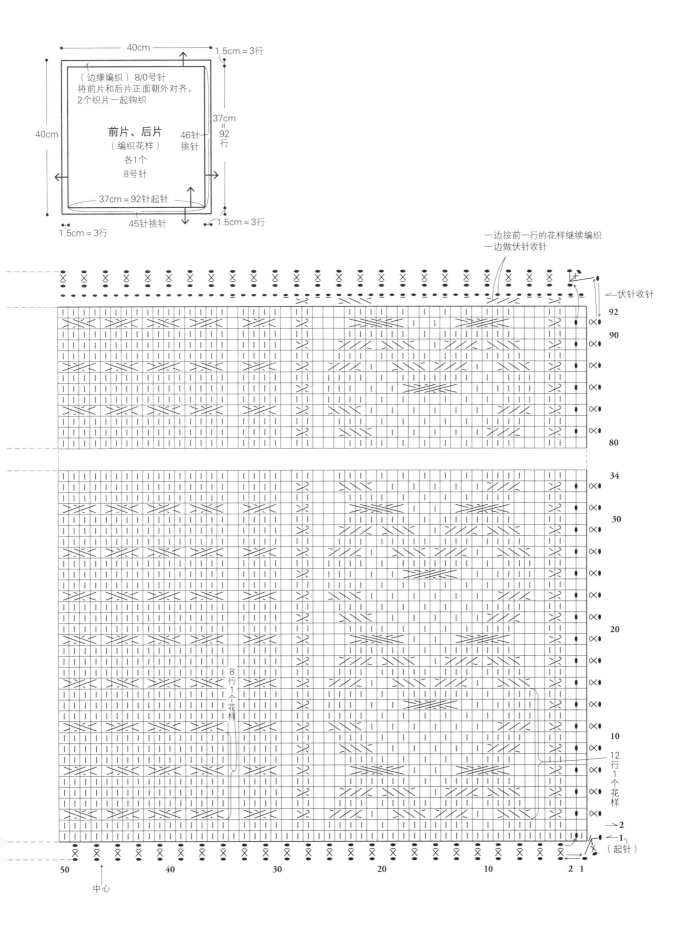

（边缘编织）8/0号针
将前片和后片正面朝外对齐，
2个织片一起钩织

前片、后片
（编织花样）
各1个
8号针

40cm

40cm

37cm = 92针起针

45针挑针

1.5cm = 3行

1.5cm = 3行

46针挑针

37cm = 92行

1.5cm = 3行

一边按前一行的花样继续编织
一边做伏针收针

←伏针收针

92

90

80

34

30

20

10

8行1个花样

12行1个花样

2

1（起针）

50   40   30   20   10   2 1

中心

59

棱针花样坐垫 作品 / p.23

线 和麻纳卡 Bonny（50g/团）
　　a 深橘色（414）、藏青色（473）… 各140g
　　b 浅灰色（486）、深桃红色（601）… 各140g
　　c 浅驼色（417）、深绿色（602）… 各140g

针 和麻纳卡 Amiami 双头钩针 Raku Raku 7.5/0号
尺寸 直径40cm
密度 棱针 8行 = 5.5cm

编织方法 用1根线按指定颜色钩织。
1 钩117针锁针起针，参照图解一边加减针一边钩36行棱针。
2 分别在编织起点的●处和编织终点的○处穿线后收紧。

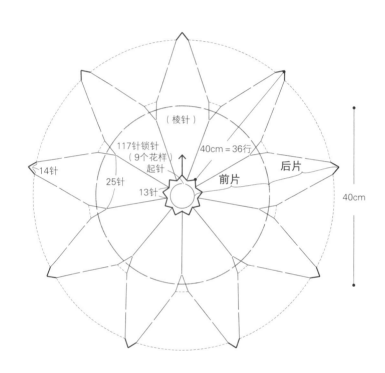

（棱针）

117针锁针
（9个花样）
起针

14针

25针

13针

40cm = 36行

后片

前片

40cm

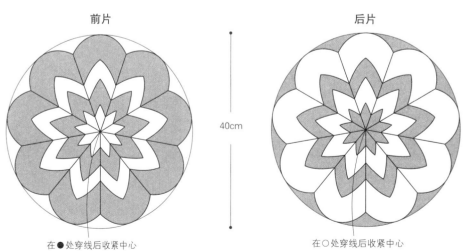

前片

后片

40cm

在●处穿线后收紧中心

在○处穿线后收紧中心

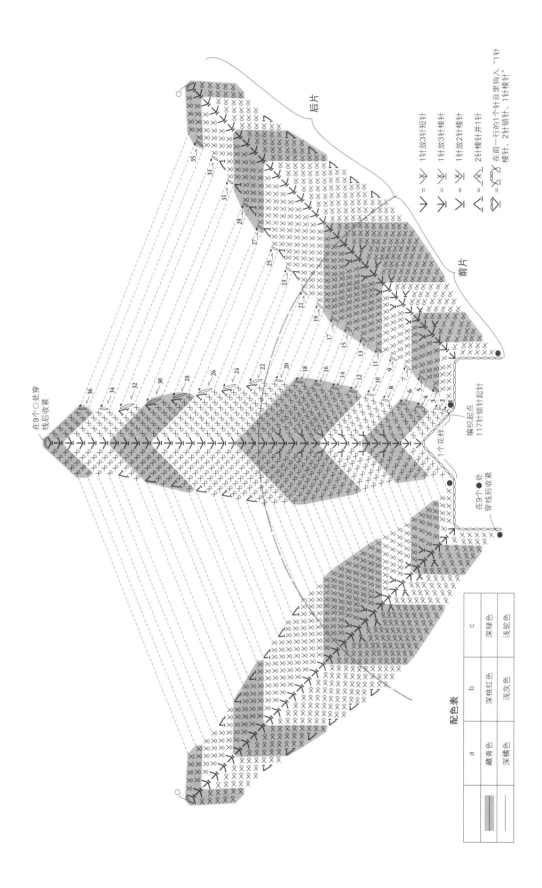

配色表

	a	b	c
▨	藏青色	深桃红色	深绿色
—	深橘色	浅灰色	浅驼色

后片

前片

编织起点
117针锁针起针

1个花样

在9个○处穿
线后收紧

在9个●处
穿线后收紧

∨ = 🗷 1针放3针短针

🗷 1针放3针棱针

🗷 1针放2针棱针

🗷 2针棱针并1针

🗷 在前一行的1个针目里钩入 "1针
棱针、2针锁针、1针棱针"

櫻花色小花片坐垫 作品 / p.24、25

线　和麻纳卡 Jumbonny（50g/团）
　a　米白色（1）…190g
　　　粉红色（33）…140g
　　　酒红色（7）…130g
　b　嫩粉红色（9）…190g
　　　米白色（1）…140g
　　　玫瑰粉色（10）…130g

针　和麻纳卡 Jumbonny 专用钩针（竹制钩针）8mm
尺寸　37cm×37cm
密度　长针　1行＝2.4cm
花片大小　8.5cm×8.5cm

编织方法　用1根线按指定颜色钩织。
1　花片钩7针锁针连接成环形后，参照图解钩织，一共钩16个花片。
2　钩引拔针将花片连接成4个×4个的织片。
3　后片用线头环形起针，钩7行长针。
4　将前片和后片正面朝外对齐，2个织片一起钩反短针。

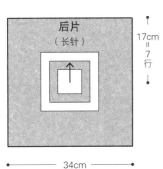

后片
（长针）

17cm
＝
7行

34cm

后片
（长针）

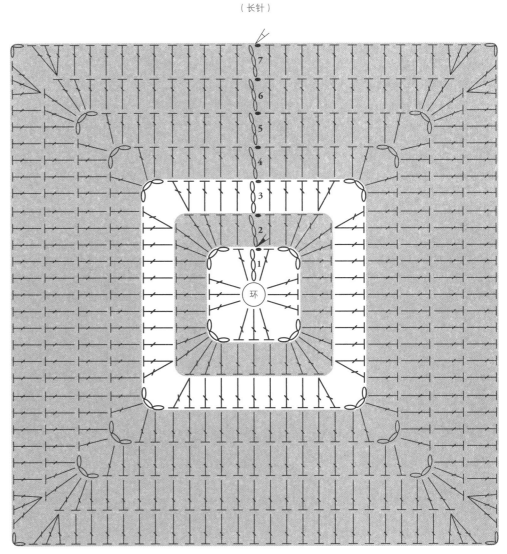

环

＝接线

＝断线

（反短针）
将前片和后片正面朝外对齐，
2个织片一起钩织

1.5cm = 1行

花片的连接方法和边缘编织

（反短针）

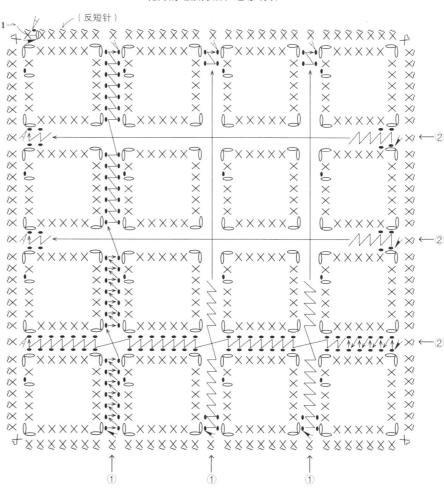

前片
（连接花片）

34cm
= 4个

8.5cm

34cm = 4个

1.5cm = 1行

1.5cm = 1行

花片的钩织方法

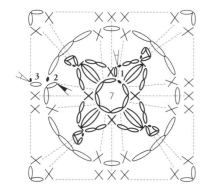

※钩第2行的短针时，将第1行翻至前面，
在锁针线环里钩织
※钩第3行的短针✕时，在第1行针目里
钩织，同时将第2行包在里面

※按①、②的顺序钩引拔针连接，a用米白色线，b用嫩粉红色线

配色表

	a	b
	粉红色	米白色
	米白色	嫩粉红色
	酒红色	玫瑰粉色

◤ = 接线

◥ = 断线

狗牙针的钩织方法

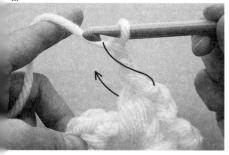

1 钩3针锁针，如箭头所示，在3针中长针的枣形针头部的半个针目和尾针里挑针。

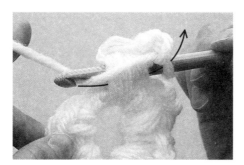

2 钩针挂线，如箭头所示一次引拔出。

3 3针锁针的狗牙针完成后的状态。

63

P 万花筒花样坐垫 作品 / p.26、27

线 和麻纳卡 Bonny（50g/团）
  a 紫色（437）、紫红色（499）… 各50g
    浅紫色（496）… 35g
    白色（401）… 30g
    深红色（450）、樱桃粉色（474）、
    酒红色（464）… 各25g
    金黄色（433）… 5g
  b 绿色（427）55g
    水蓝色（471）、海军蓝色（472）… 各45g
    白色（401）… 35g
    金黄色（433）、黄色（432）… 各25g

针 和麻纳卡 Amiami 双头钩针 Raku Raku 8/0号
尺寸 直径39cm
密度 长针 1行＝1.6cm

编织方法 用1根线按指定颜色钩织。
1 后片用线头环形起针，参照图解钩12行长针。
2 前片用线头环形起针，按编织花样钩11行，然后从第1行开始依次从线圈里将后一行的线圈穿出。参照图解钩第12行。
3 将前片和后片正面朝外对齐，看着前片，2个织片一起钩织边缘编织。

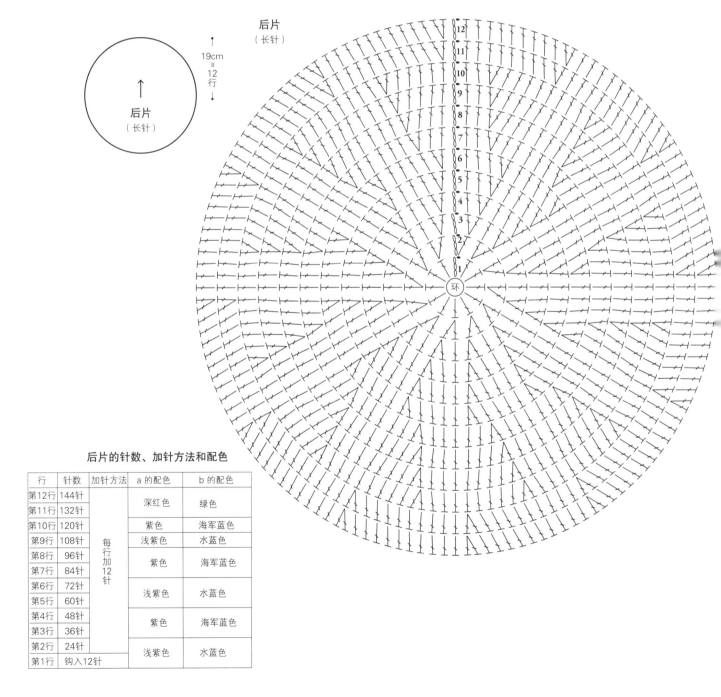

后片
（长针）

后片
（长针）

19cm＝12行

后片的针数、加针方法和配色

行	针数	加针方法	a 的配色	b 的配色
第12行	144针	每行加12针	深红色	绿色
第11行	132针			
第10行	120针		紫色	海军蓝色
第9行	108针		浅紫色	水蓝色
第8行	96针		紫色	海军蓝色
第7行	84针			
第6行	72针		浅紫色	水蓝色
第5行	60针			
第4行	48针		紫色	海军蓝色
第3行	36针			
第2行	24针		浅紫色	水蓝色
第1行	钩入12针			

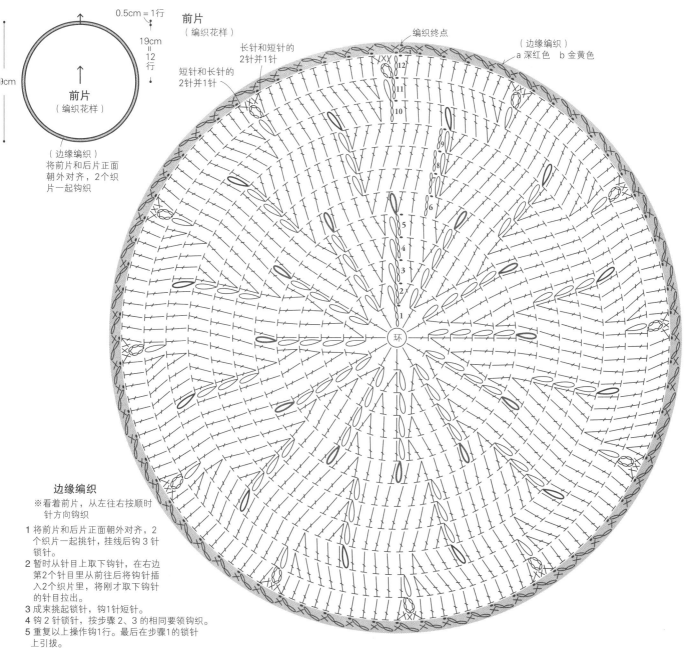

0.5cm = 1行

19cm = 12行

9cm

前片
（编织花样）

↑

前片
（编织花样）

（边缘编织）
将前片和后片正面
朝外对齐，2个织
片一起钩织

长针和短针的
2针并1针

短针和长针的
2针并1针

编织终点

（边缘编织）
a 深红色　b 金黄色

环

边缘编织

※看着前片，从左往右按顺时针方向钩织

1 将前片和后片正面朝外对齐，2个织片一起挑针，挂线后钩3针锁针。

2 暂时从针目上取下钩针，在右边第2个针目里从前往后将钩针插入2个织片里，将刚才取下钩针的针目拉出。

3 成束挑起锁针，钩1针短针。

4 钩2针锁针，按步骤2、3的相同要领钩织。

5 重复以上操作钩1行。最后在步骤1的锁针上引拔。

前片的针数、加针方法和配色

行	针数	加针方法	a 的配色	b 的配色
第12行	144针		酒红色	白色
第11行	132针		樱桃粉色	绿色
第10行	120针		白色	水蓝色
第9行	108针		紫红色	黄色
第8行	96针		紫色	白色
第7行	84针	每行加12针	浅紫色	绿色
第6行	72针		白色	海军蓝色
第5行	60针		深红色	金黄色
第4行	48针		酒红色	白色
第3行	36针		樱桃粉色	绿色
第2行	24针		白色	水蓝色
第1行	钩入12针		金黄色	黄色

线圈的钩织方法

第1~4、6~8、10行的

第5行的

第9行的

线圈的穿法

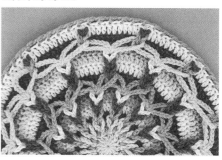

钩至前片第11行，然后从第1行开始依次从线圈里将后一行的线圈穿出，接着钩第12行。第5、9行则是从相邻2个线圈里一起将线圈穿出。

土耳其枣形针星形坐垫 作品／p.28、29

线 和麻纳卡 Bonny（50g/团）
- a 水蓝色（471）、米白色（442）… 各75g
  绿色（427）少许
- b 浅紫色（496）、米白色（442）… 各75g
  绿色（427）少许
- c 深桃红色（601）、米白色（442）… 各75g
  绿色（427）少许
- d 黄色（432）、米白色（442）… 各75g
  绿色（427）少许

针 和麻纳卡 Amiami 双头钩针 Raku Raku 6/0号
尺寸 38cm×44cm
密度 土耳其枣形针 6行＝11cm

编织方法 用1根线，参照p.56"土耳其枣形针的钩织方法"按指定颜色钩织。
1 用米白色线的线头制作一个线环，从★处钩6个花样的土耳其枣形针起针。此时钩入2针未完成的中长针开始起针。留出50cm长的线头后将线剪断。
2 换色，在步骤1完成的针目上钩织土耳其枣形针。
3 一边交错换色一边钩织成星形，用步骤1中留出的线头缝合编织起点和编织终点的各行。
4 在周围一边换色一边钩织边缘编织。

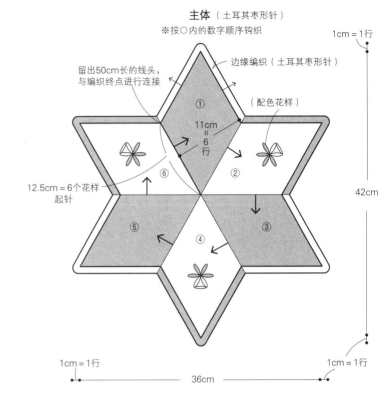

主体（土耳其枣形针）
※按○内的数字顺序钩织

边缘编织（土耳其枣形针）
留出50cm长的线头，与编织终点进行连接
（配色花样）
11cm ＝ 6行
12.5cm ＝ 6个花样起针
1cm ＝ 1行
42cm
1cm ＝ 1行
1cm ＝ 1行
36cm

土耳其枣形针的编织起点

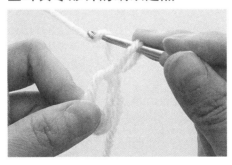

1 环形起针，钩1针锁针，将线拉得长一点。

2 在线环中钩入2针未完成的中长针，参照"土耳其枣形针的钩织方法"步骤3~7钩织。

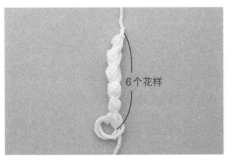

6个花样

3 接着，参照"土耳其枣形针的钩织方法"步骤8~13，钩6个花样作为起针针目，留出50cm长的线头后将线剪断。

4 在线环中钩1针锁针，钩入2针未完成的中长针，然后钩针挂线，在箭头所示位置钩2针未完成的中长针，钩织。

5 3个花样完成后的状态。

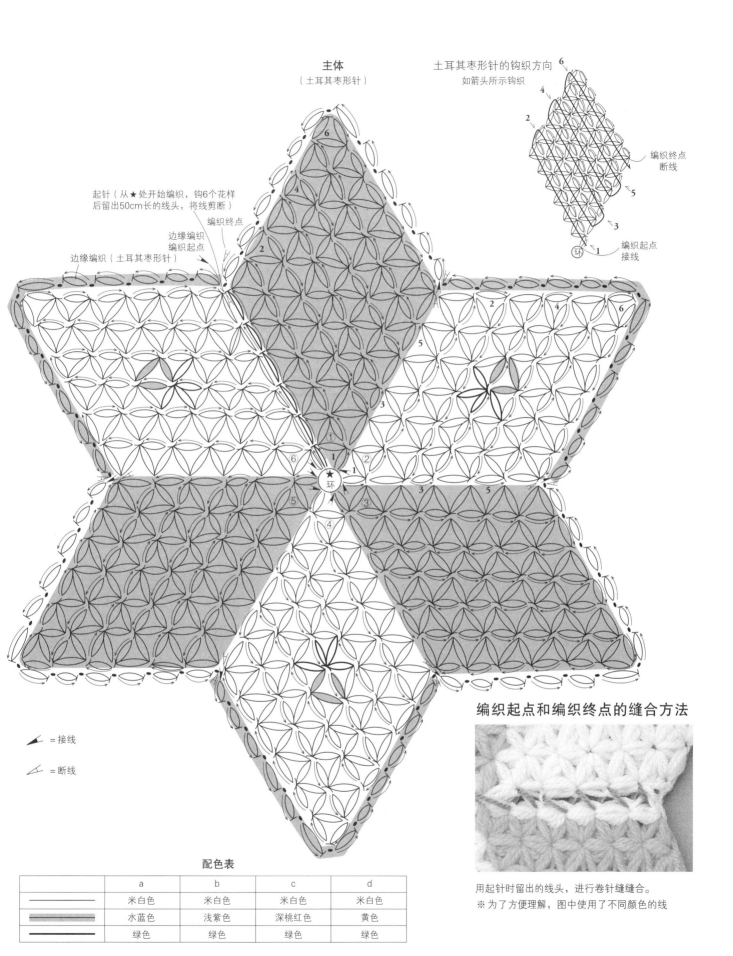

主体
（土耳其枣形针）

土耳其枣形针的钩织方向
如箭头所示钩织

起针（从★处开始编织，钩6个花样
后留出50cm长的线头，将线剪断）

编织终点

边缘编织
编织起点

边缘编织（土耳其枣形针）

编织终点
断线

编织起点
接线

＝接线

＝断线

编织起点和编织终点的缝合方法

用起针时留出的线头，进行卷针缝缝合。
※ 为了方便理解，图中使用了不同颜色的线

配色表

	a	b	c	d
	米白色	米白色	米白色	米白色
	水蓝色	浅紫色	深桃红色	黄色
	绿色	绿色	绿色	绿色

R 卷针花样坐垫 作品 / p.30

线　和麻纳卡 Jumbonny（50g/团）
　　　黄色（11）…410g
　　　棕色（30）…170g
针　和麻纳卡 Jumbonny 专用钩针（竹制钩针）8mm
尺寸　40cm×45cm
花片大小　10cm×11.5cm

编织方法　用1根线按指定颜色钩织。
1　花片用线头环形起针，参照图解钩织2行。第3行钩织卷针（参照p.70）。
2　如图所示，从第2个花片开始一边在最后一行连接一边钩织前片（花片①～⑬）。
3　按相同要领钩1个花片，如图所示，从第2个花片开始一边在最后一行连接一边钩织
　　后片（花片⑭～⑳）。花片㉑～㉖同时与前片连接。
4　前片的花片㉗～㉜同时与后片连接。

花片的连接方法
1　一边钩织前片的花片①～⑬一边进行连接。
2　按相同要领连接后片的花片⑭～⑳，花片㉑～㉖同时与前片连接。
3　前片的花片㉗～㉜同时与后片连接。

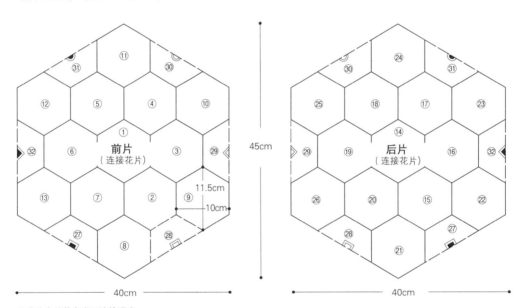

45cm

前片
（连接花片）

11.5cm

10cm

40cm

后片
（连接花片）

40cm

※花片中的数字表示连接顺序

花片的钩织方法
※钩第2、3行时，将第1行的狗牙针翻至前面后钩织

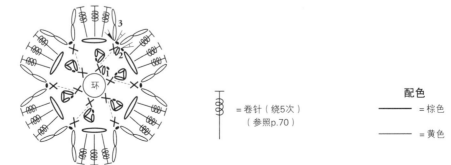

环

＝卷针（绕5次）
　（参照p.70）

配色
──── ＝棕色

──── ＝黄色

68

花片的连接方法

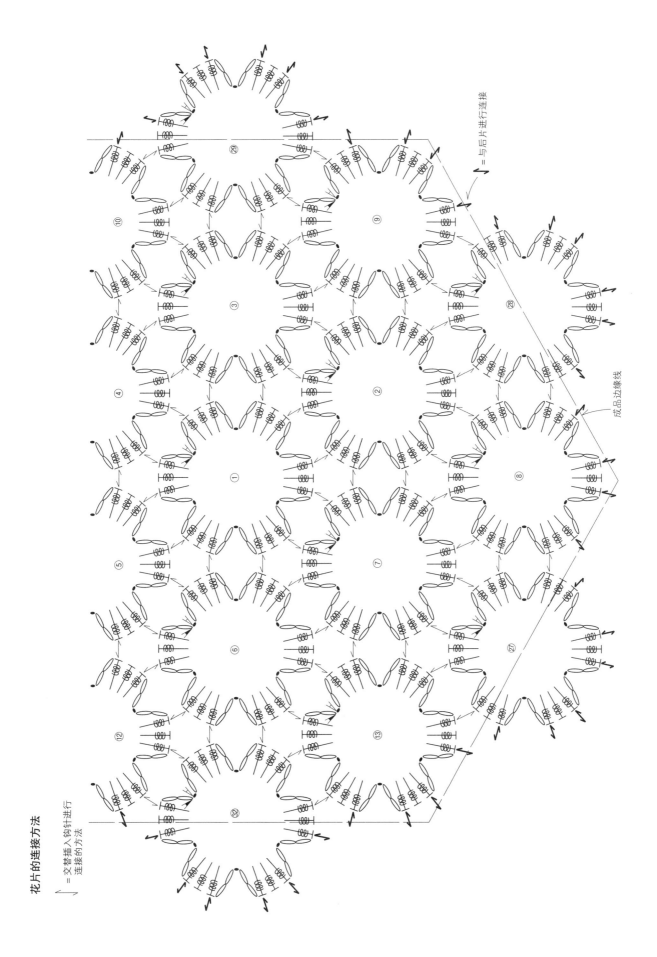

＝交替插入钩针进行
连接的方法

＝与后片进行连接

成品边缘线

69

花片第3行的钩织方法

将第1行的狗牙针翻至前面后进行钩织

=卷针（绕5次）

1 第3行。钩2针锁针的立针。

2 在钩针上绕5次线。

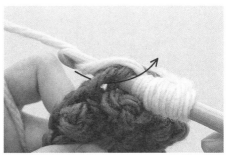

3 成束挑起第2行的锁针，挂线后拉出。

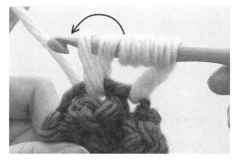

4 将线拉至2针锁针的立针相同的高度，然后用手指将所绕的线依次覆盖在刚才拉出的线上。

5 盖住1根线后的状态。

6 按相同要领盖住全部5根线。

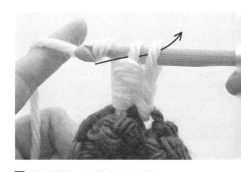

7 钩针挂线，如箭头所示引拔。

8 1针卷针（绕5次）完成的状态。

9 重复步骤2~8，在同一个针目里钩入3针卷针后，钩2针锁针，在旁边的针目里引拔。1个花瓣完成的状态。

10 按相同要领钩织6个花瓣。1个花片完成的状态。

S 枣形针花样坐垫 作品 / p.31

线 和麻纳卡 Bonny（50g/团）
  a 湖蓝色（603）…100g
    米白色（442）、水蓝色（471）…各50g
  b 金黄色（433）…100g
    米白色（442）、黄色（432）…各50g
  c 深绿色（602）…100g
    米白色（442）、黄绿色（476）…各50g

针 和麻纳卡 Amiami 双头钩针 Raku Raku 7/0号
尺寸 直径38cm
密度 4针中长针的枣形针1行≈2cm

编织方法 用1根线按指定颜色钩织。
1 用线头环形起针，钩6行4针中长针的枣形针和锁针。
2 第7行钩短针。第8~10行按往返编织的方法做环形钩织，钩3针中长针的枣形针交叉，钩织时将线拉得长一点，以免针目太过紧密。
3 第11行看着反面钩织。

主体
（编织花样）
※第9、11行看着反面钩织

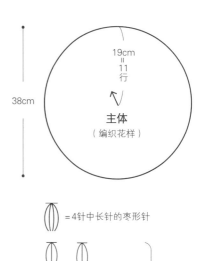

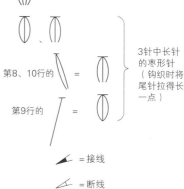

| | =4针中长针的枣形针 |
第8、10行的 = 3针中长针的枣形针（钩织时将尾针拉得长一点）
第9行的 =
= 接线
= 断线

第 8 行的钩织方法

在前一行的短针里钩3针中长针的枣形针，然后在前两行的枣形针之间挑针钩织3针中长针的枣形针。针目呈交叉状态。

针数和加针方法、配色

行	针数、花样数量	加针方法	a的配色	b的配色	c的配色
第11行	42个花样	参照图解	湖蓝色	金黄色	深绿色
第10行	84针	无须加减针	米白色	米白色	米白色
第7~9行	84针		湖蓝色	金黄色	深绿色
第6行	84针（42个花样）	每行加14针	水蓝色	黄色	黄绿色
第5行	70针（35个花样）				
第4行	56针（28个花样）				
第3行	42针（21个花样）		米白色	米白色	米白色
第2行	28针（14个花样）	加7针			
第1行	钩入21针（7个花样）				

流苏坠坐垫　作品 / p.32

线　和麻纳卡 Bonny（50g/团）
　　黑色（402）…100g
　　黄色（432）、柠檬绿色（495）、橘色（415）、浅紫色（496）…各50g

针　和麻纳卡 Amiami 双头钩针 Raku Raku 7.5/0号
尺寸　直径42cm
密度　长针　1行 = 1.5cm

编织方法　用1根线按指定颜色钩织。
1 钩24针锁针起针，参照图解钩160行。
2 将编织起点和编织终点用卷针缝缝合。
3 在主体◀处（黑色线）的针目里挑针，穿2次线后收紧，做出褶裥效果。
4 钩织罗纹绳，在反面穿好，然后在绳子的两头系上流苏扎紧。

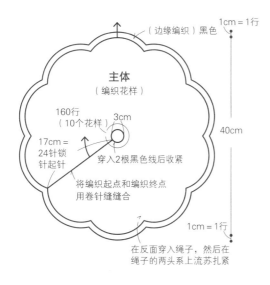

（边缘编织）黑色
1cm = 1行
主体
（编织花样）
160行
（10个花样）
3cm
17cm =
24针锁
针起针
穿入2根黑色线后收紧
将编织起点和编织终点
用卷针缝缝合
40cm
1cm = 1行
在反面穿入绳子，然后在
绳子的两头系上流苏扎紧

主体的
钩织方法

1 主体钩24针锁针起针，参照图解钩6行。第7行的 ╳ 在起针和第6行针目的头部挑针，按短针的要领钩织。

2 第15行在第8行针目的尾针里插入钩针，接着如箭头所示在第14行短针的头部插入钩针，挑针钩织 ╳ 。

3 第15行的 ╳ 完成后的状态。

4 按相同要领继续钩织。钩织一部分后的状态。

5 主体钩至第160行后，留出40cm长的线头，将线剪断。将起针和第160行针目的头部用卷针缝缝合。

6 在主体的◀处穿入2圈黑色线后收紧中心。

7 钩边缘编织的短针2针并1针时，将主体向内侧翻折后进行钩织。2针并1针完成后的状态。

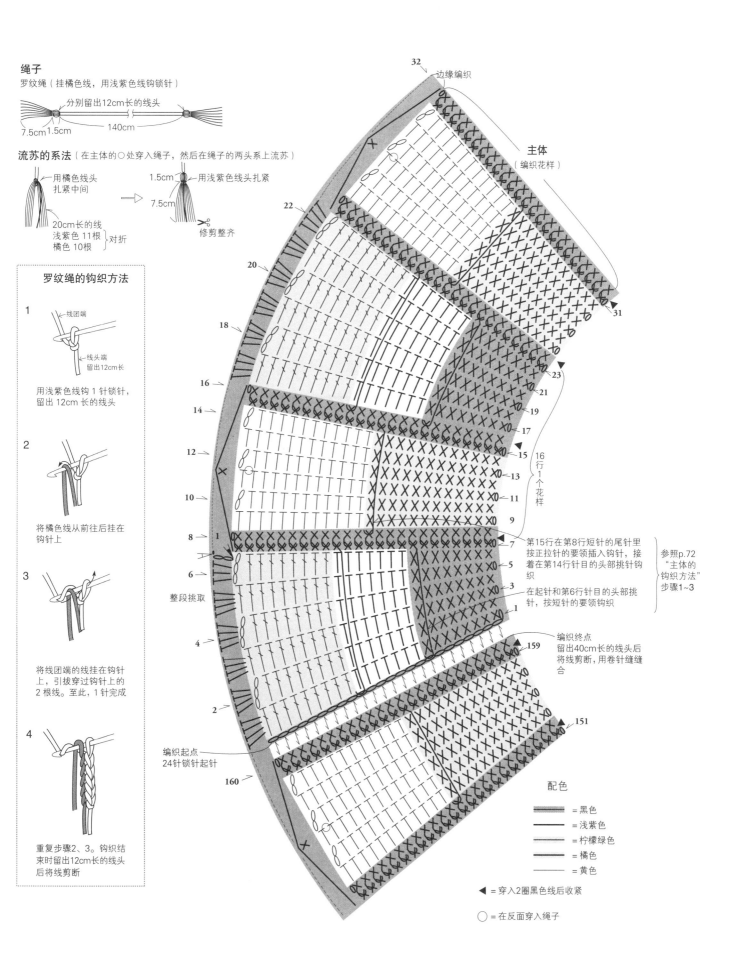

绳子
罗纹绳（挂橘色线，用浅紫色线钩锁针）

分别留出12cm长的线头

7.5cm 1.5cm   140cm

流苏的系法（在主体的○处穿入绳子，然后在绳子的两头系上流苏）

用橘色线头扎紧中间

1.5cm   用浅紫色线头扎紧
7.5cm

20cm长的线
浅紫色 11根 对折
橘色 10根

修剪整齐

罗纹绳的钩织方法

1
线团端
线头端
留出12cm长
用浅紫色线钩 1 针锁针，留出 12 cm 长的线头

2
将橘色线从前往后挂在钩针上

3
将线团端的线挂在钩针上，引拔穿过钩针上的2根线。至此，1针完成

4
重复步骤2、3。钩织结束时留出12cm长的线头后将线剪断

主体
（编织花样）

32   边缘编织

22
20
18
16
14
12
10
8   1
6
4
2

整段挑取

编织起点
24针锁针起针

160

31
23
21
19
17
15
13
11
9
7
5
3
1

16 行 1 个花样

第15行在第8行短针的尾针里按正拉针的要领插入钩针，接着在第14行针目的头部挑针钩织

在起针和第6行针目的头部挑针，按短针的要领钩织

参照p.72
"主体的钩织方法"
步骤1~3

159
151

编织终点
留出40cm长的线头后将线剪断，用卷针缝合

配色

= 黑色
= 浅紫色
= 柠檬绿色
= 橘色
= 黄色

◀ = 穿入2圈黑色线后收紧

○ = 在反面穿入绳子

73

编织基础知识

◎钩针编织

〈钩针符号〉

 锁针

 1　将线拉出后拉紧

 2　起针

 3　4针　起针

✕ 短针

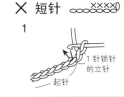 1　1针锁针的立针　起针

2

3

┬ 中长针

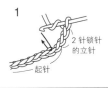 1　2针锁针的立针　起针

 2

 3

┬ 长针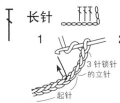

 1　3针锁针的立针　起针

2

3　1

4　2

┬ 长长针

 1　绕2次　4针锁针的立针　起针

2　1

3

4　2

5　3

┬ 4卷长针

按"长长针"的要领绕4次线后钩织

 1针放2针短针

1　在同一个针目里钩2针短针

2

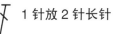 1针放2针长针

1　在同一个针目里钩2针长针

2

※钩入2针以上时也按相同要领钩织

 1针放2针中长针

 钩1针中长针，在同一个针目里再次插入钩针钩中长针

 1针放3针短针

1　在同一个针目里再钩1针短针

2　在同一个针目里再钩1针短针

3　完成。加了2针

 引拔针

 1

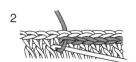 2

〈符号的看法〉

根部连在一起时

在前一行的针目里插入钩针钩织

根部分开时

成束挑起前一行的锁针线圈钩织

74

短针2针并1针

1 按短针的钩织要领将线拉出

2 下个针目也与步骤1一样，将线拉出

3 将2针并作1针

4

短针3针并1针

按"短针2针并1针"的要领将3针并作1针

长针2针并1针

1 钩2针未完成的长针

2 在2个针目里一起钩完长针

3

中长针2针并1针

按"长针2针并1针"的要领钩中长针的2针并1针

3针中长针的枣形针

1 钩针挂线，在同一个地方钩3针未完成的中长针（图中为第1针）

2 钩针挂线，一次引拔出

3 3针锁针

2针中长针的枣形针

3针长长针的枣形针

※长长针，或者针数不同时，也按"3针中长针的枣形针"的相同要领钩织

5针长针的爆米花针

1 在同一个地方钩入5针长针

※"4针长针的爆米花针"按相同要领钩4针长针
"4针中长针的爆米花针"按相同要领钩4针中长针

2 取下钩针，如箭头所示从第1个针目重新插入钩针

3 如箭头所示将针目拉出

4 钩针挂线，按锁针的要领钩1针。该针就是爆米花针的头部

3针锁针

变化的3针中长针的枣形针

1 按"3针中长针的枣形针"步骤1、2的要领在钩针上挂线，如箭头所示引拔出

2 钩针挂线，一次引拔穿过2个线圈

3

变化的2针中长针的枣形针

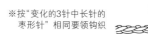

※按"变化的3针中长针的枣形针"相同要领钩织

反短针

1 1针锁针的立针
从前面转动钩针，如箭头所示插入钩针

2 钩针挂线，如箭头所示将线拉出

3 钩针挂线，引拔穿过2个线圈

4 重复步骤1~3，从左侧向右侧继续钩织

5

✕ 棱针

1

在前一行针目的后面1根线里挑针

2

钩短针

3

每行改变方向做往返钩织。每2行会出现1条凸起的条纹

 1针放2针棱针

 1针放3针棱针

※按"棱针"的要领钩入所需针数

⋏ 棱针2针并1针

※按"棱针"的要领钩2针并1针

✕ 短针的条纹针

1

在前一行针目的后面1根线里挑针

2

钩织时会留下一道条纹

 1针放2针短针的条纹针

 1针放3针短针的条纹针

※按"短针的条纹针"的要领钩入所需针数

 3针锁针的狗牙针（在短针上钩织）

1

钩3针锁针。如箭头所示在短针头部的半个针目和尾针的1根线里挑针

2

钩针挂线，一次引拔穿过所有线圈，拉紧针目

3

引拔的针目

完成。在下个针目里钩短针

※锁针针数不同，也按相同要领钩织
※在长针上钩狗牙针时，也按相同要领钩织

✕ 短针的正拉针

1

如箭头所示插入钩针，在前一行针目的尾针里挑针

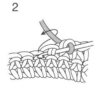

2

钩针挂线，将线拉出，比钩短针时要拉得长一点

3

4

按短针相同要领钩织

5

完成

✕ 短针的反拉针

1

从后面插入钩针，在前一行针目的尾针里挑针

2

钩针挂线，如箭头所示在织物的后面将线拉出

3

将线拉得稍微长一点，按短针的要领钩织

4

前一行针目头部的2根线出现在织物的前面（正面）※看着反面钩织时，钩正拉针

长针的正拉针

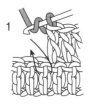

1
钩针挂线，如箭头所示从
正面挑取前一行针目的尾
针

2
钩针挂线，将线拉出时拉得
长一点，以免前一行针目和
旁边的针目歪斜

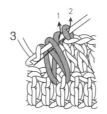

3
按长针相同要领
钩织

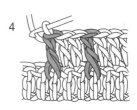

4
完成

长针的反拉针

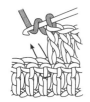

1
钩针挂线，如箭头所示从反
面挑取前一行针目的尾针，
将线拉出时拉得长一点

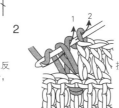

2
按长针相同要领钩织

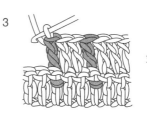

3
完成

1针放2针
长针的正拉针

※按"长针的正拉针"的要领，钩入
所需针数

长针的正拉针
2针并1针

※按"长针2针并1针"的要领钩2针未完成的
长针的正拉针，然后并作1针

长针的正拉针3针并1针

※按"长针2针并1针"的要领钩3针未完成的长针
的正拉针，然后并作1针

〈花片的连接方法〉
钩引拔针进行连接的方法

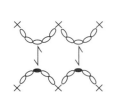

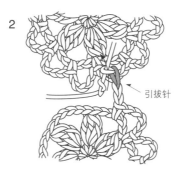

1
在第1个花片里插入钩针，钩引拔针，
将针目拉紧一点

2
钩锁针

引拔针

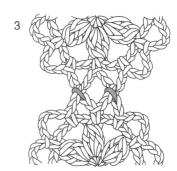

3
完成

交替插入钩针进行连接的方法

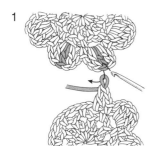

1
取下钩针，如箭头所示从第1个花片
重新插入钩针

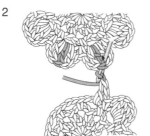

2
将挂在钩针上的针目拉出

3
钩针挂线钩长针

4
中间针目的头部呈连接状态

〈配色花样的钩织方法〉将渡线包在里面钩织的方法

1

将暂停钩织的线放在边上，钩织的时候将其包在里面

2

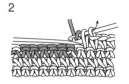

换线时，在前面一针做引拔时替换配色线和主线

〈配色线的替换方法〉环形编织时

1　　　　**2**

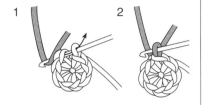

换成下一行的线进行引拔

〈在整个针目里做卷针缝〉

将织物正面朝外对齐，挑起针目的整个头部一针一针地拉紧

※做行与行的缝合时，也按相同要领插入缝针做卷针缝

〈配色花样的钩织方法〉纵向渡线的方法

1 配色线　主线

换线时，在前面一针做引拔时替换配色线和主线

2

用配色线钩织

3

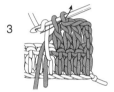

在反面换线时，将配色线放在织物的前面（反面）暂停钩织，使主线位于上方

4

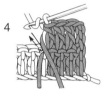

用主线钩织

正面　　反面

〈圆形的钩织起点〉用线头环形起针的方法

1　线头

在手指上绕2次线，制作双重线环

2

从手指上取下线环，如箭头所示将线拉出

3

钩锁针的立针

4

在线环里挑针，钩所需针数

5 轻轻地拉

轻轻地拉线头

6 a b

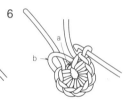

朝箭头方向拉a线

7 b a

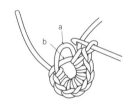

用力拉a线，收紧b线

8 拉紧 a b

拉线头，收紧a线

9

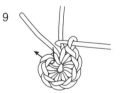

在最初针目的头部挑针

10

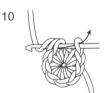

引拔，将针目拉紧一点

11

钩锁针连接成环形的方法

1

所需针数

钩所需针数的锁针，如箭头所示插入钩针

2

引拔，连接成环形

3

钩锁针的立针

4 立针

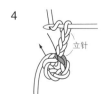

接着钩第1行。连线头一起挑针钩织

5

钩完所需针数后，在第1针（此处为立针的第3针锁针）里引拔，连接成环形

◎棒针编织

〈 一般的起针方法 〉

1

线头端

（织物尺寸的 3.5 倍长 +
缝合用线长度）

将线挂在左手的拇指和
食指上，如箭头所示插
入棒针

2

用棒针挑起食指上的线，
从拇指上的线环里挑出

3

松开挂在拇指上的线

4

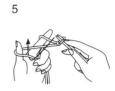

用拇指挑起线头端的线拉紧。
这就是边上的 1 针

5

如箭头所示挑起挂在拇
指上的线

6

用棒针挑起食指上的线，
从拇指上的线环里挑出

7

松开挂在拇指上的线

8

用拇指挑起线后轻轻地收紧针目。
这就是第 2 针。
重复步骤 5~8 起所需针目

9

线头端

完成。起针针目算作 1 行下针。
抽出 1 根棒针，用抽出的棒针开
始编织

〈 针法符号 〉　针法符号是从织物的正面看到的操作符号

下针

I

将线放在后面，将右棒针
从前往后插入左棒针的针
目里，在右棒针上挂线，
将线拉出

上针

—

将线放在前面，将右棒针从
后往前插入左棒针的针目里，
在右棒针上挂线，将线拉出

伏针

●

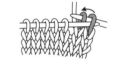

织 2 针，将第 1 针覆盖在第
2 针上。接下来，每织 1 针，
将右面的针目覆盖过来。织物
是上针时，织上针进行覆盖

右上交叉（2针）

1

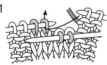

将 2 针移到别的针（或者麻
花针）上放在前面，在下面
2 针里织下针

2

在刚才移至别的针上的
针目里织下针

左上交叉（2针）

1

将 2 针移到别的针（或者麻
花针）上放在后面，在下面
2 针里织下针

2

在刚才移至别的针上
的针目里织下针

左上 1 针覆盖交叉

1

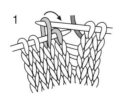

用右棒针挑起左边的针目
覆盖在右边的针目上

2

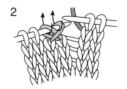

如箭头所示插入棒针，
分别织下针

3

下一行右边的针目穿过左
边的针目，呈交叉状态

KEITO DE FUKKURA KAWAII ZABUTON

© SHUFU TO SEIKATSU SHA CO., LTD.2016

Originally published in Japan in 2016 by SHUFU TO SEIKATSU SHA CO., LTD.

Chinese（Simplified Character only）translation rights arranged with

SHUFU TO SEIKATSU SHA CO., LTD.through TOHAN CORPORATION, TOKYO.

版权所有，翻印必究

备案号：豫著许可备字-2016-A-0408

摄影：安彦幸枝

装帧设计：渡部浩美

企画、制作：佐藤周子（Little Bird）

楠本美冴（Little Bird）

图书在版编目（CIP）数据

美轮美奂的钩编坐垫/日本主妇与生活社编著；蒋幼幼译. —郑州：河南科学技术出版社，2018.1
ISBN 978-7-5349-8900-1

Ⅰ.①美… Ⅱ.①日… ②蒋… Ⅲ.①钩针—编织—图集 Ⅳ.①TS935.521-64

中国版本图书馆CIP数据核字（2017）第212950号

出版发行：河南科学技术出版社

地址：郑州市经五路66号　　邮编：450002

电话：（0371）65737028　　65788613

网址：www.hnstp.cn

策划编辑：刘　欣

责任编辑：刘　瑞

责任校对：王晓红

封面设计：张　伟

责任印制：张艳芳

印　　刷：北京盛通印刷股份有限公司

经　　销：全国新华书店

幅面尺寸：213 mm×285 mm　　印张：5　　字数：100千字

版　　次：2018年1月第1版　　2018年1月第1次印刷

定　　价：49.00元

如发现印、装质量问题，影响阅读，请与出版社联系并调换。